国家制造业信息化
三维 CAD 认证规划教材

Creo Parametric
标准案例式培训教程

张安鹏　马佳宾　魏　超　编著

北京航空航天大学出版社

内容简介

本书为案例式培训教材,通过丰富的案例全面介绍了使用 Creo Parametric 软件进行产品设计的基本过程,以及软件中各种命令的使用方法和技巧。本书内容由浅入深,浅显易懂,有利于读者了解草图设计、零件设计、装配设计、工程图设计以及运动仿真产品设计的全过程。

本书适用于产品结构设计人员、大(中)专院校工业与机械设计专业师生、想快速掌握 Creo Parametric 软件并应用于实际产品设计开发的各类读者,同时也可作为各类相关培训机构的教学参考书。

图书在版编目(CIP)数据

Creo Parametric 标准案例式培训教程 / 张安鹏等编著. — 北京:北京航空航天大学出版社,2013.1
ISBN 978 - 7 - 5124 - 0952 - 1

Ⅰ. ①C… Ⅱ. ①张… Ⅲ. ①产品设计—计算机辅助设计—应用软件—技术培训—教材 Ⅳ. ①TB472 - 39

中国版本图书馆 CIP 数据核字(2012)第 218687 号

Creo Parametric
标准案例式培训教程
张安鹏 马佳宾 魏 超 编著
责任编辑 赵 京 胡 敏
*
北京航空航天大学出版社出版发行
北京市海淀区学院路 37 号(邮编 100191) http://www.buaapress.com.cn
发行部电话:(010)82317024 传真:(010)82328026
读者信箱:bhpress@263.net 邮购电话:(010)82316936
涿州市新华印刷有限公司印装 各地书店经销
*
开本:710×1 000 1/16 印张:18 字数:384 千字
2013 年 1 月第 1 版 2013 年 1 月第 1 次印刷 印数:4 000 册
ISBN 978 - 7 - 5124 - 0952 - 1 定价:39.00 元(含 1 张 DVD 光盘)

前　言

Creo 是美国 PTC 公司于 2010 年 10 月推出的 CAD 设计软件包,是 PTC 公司闪电计划推出的第一个产品。它是整合了 PTC 公司的 Pro/Engineer 的参数化技术、CoCreate 的直接建模技术和 ProductView 的三维可视化技术的新型 CAD 设计软件包,可针对不同的任务采用更为简化的子应用,所有子应用采用统一的文件格式。其应用目的在于解决目前 CAD 系统难用及多 CAD 系统数据难以共享等问题。

Creo 像是一个可伸缩的套件,集成了多个应用程序,提供了空前的互操作性,实现了数据的轻松共享,功能覆盖到整个产品开发领域。Creo 的产品设计应用程序可使企业中的每个设计人员都能使用最适合自己的工具,因此,他们可以全面参与产品开发过程。除了 Creo Parametric 之外,Creo 还有多个独立的应用程序在 2D 和 3D CAD 建模、分析及可视化方面提供了新的功能。

本书着重介绍 Creo Parametric。Creo Parametric 前身其实就是大家所熟悉的 Pro/ENGINEER。Pro/ENGINEER 作为当今流行的三维实体建模软件之一,是美国 PTC 公司研制开发的一款应用于机械设计与制造的自动化软件,内容丰富、功能强大。该软件是一款参数化、基于特征的实体造型软件,广泛应用于产品设计、零件装配、模具设计、工程图设计、运动仿真、钣金设计等多个模块,能使工程设计人员在第一时间设计出完美的产品。

Creo Parametric 使用了当下最流行的操作界面,简化了用户的工作环境,提供了一系列创新的功能,真正有效地提高了用户的工作效率。经过重新设计的界面在整体上变得非常简洁漂亮,用户已经找不到曾经的菜单和工具栏,取而代之的是一个个以工作成果为导向的选项卡。它具有更好的绘图界面,更加形象生动、简洁快速的设计环境及渲染功能,体现了更多的灵活性,利用计算机预先进行静态与动态分析及装配干涉检查等工作,从而最大幅度地提高了工作效率、降低了设计成本。

本书以 Creo Parametric 设计为背景,结合编写组多位专家(多年从事机械设计、制图教学、三维 CAD 软件应用培训等)的丰富经验,结合实例由浅入深、循序渐进地介绍了 Creo Parametric 各种实践创建编辑功能,以及操作技巧及创建思路。作为标准案例式培训教程,全书以案例为主,通过案例诠释整个产品设计过程,以及软件中各种设计命令的使用方法与技巧。全书由 6 章组成,具体内容如下:

第 1 章介绍软件基础知识。内容涉及主菜单、工具栏、鼠标的使用,环境参数的配置等。

第 2 章介绍了二维草绘。内容涉及二维截面的绘制及编辑,几何约束的添加,尺寸标注及修改。

第 3 章重点介绍零件设计过程以及常用建模命令的使用方法。

第 4 章介绍零件装配与分析。内容涉及零件装配的顺序及装配过程,装配体分析与检查,装配体爆炸视图,机构的连接与运动仿真。

第 5 章介绍零件与装配体的工程图。内容涉及工程图图框,参数配置,视图的创建操作及工程图的编辑等技巧。

第 6 章重点介绍零件设计曲面特征。内容涉及基本曲面、高级曲面特征的创建,曲面命令和实体命令相结合的造型方法。

本书适用于产品结构设计人员、大(中)专院校工业与机械设计专业师生、想快速掌握 Creo Parametric 软件并应用于实际产品设计开发的各类读者,同时也可作社会各类相关培训机构的教学参考书。

由于作者经验和水平所限,再加上编著本书的时间仓促,对于书中存在的错误和不足之处,恳请广大读者批评指正。

编著者
2012 年 11 月

目　　录

第 1 章　Creo Parametric 概述与基础操作

本章详细介绍 Creo Parametric 的工作界面、"文件"菜单、主菜单、工具栏,以及鼠标的使用方法。

读者通过本章的内容可以了解 Creo Parametric 的工作环境,掌握 Creo Parametric 的基本操作,为以后的学习做准备。

本章知识要点:

☆ 软件背景与发展历史

☆ Creo Parametric 工作环境

☆ 各种文件管理方法

☆ 鼠标的使用方法

表 1 - 1 所列为 Creo 主要的应用程序。

表 1 - 1　Creo 主要的应用程序

名　称	应用程序	简　介
Creo	Creo Parametric	使用强大、自适应的 3D 参数化建模技术创建 3D 设计
	Creo Simulate	分析结构和热特性
	Creo Direct	使用快速灵活的直接建模技术创建和编辑 3D 几何
Creo Sketch	Creo Sketch	轻松创建 2D 手绘草图
Creo Layout	Creo Layout	轻松创建 2D 概念性工程设计方案
Creo View	Creo View MCAD	可视化机械 CAD 信息以便加快设计审阅速度
	Creo View ECAD	快速查看和分析 ECAD 信息
	Creo Schematics	创建管道和电缆系统设计的 2D 布线图
	Creo Illustrate	重复使用 3D CAD 数据生成丰富、交互式的 3D 技术插图

本书着重介绍 Creo Parametric 的使用方法。

1.1　工作界面

图 1 - 1 所示为 Creo Parametric 中文版的起始界面。Creo Parametric 使用了最

流行的操作界面,简化了用户的工作环境,并提供了一系列创新的功能,可以真正有效地提高用户的工作效率。经过重新设计的界面在整体上变得非常简洁漂亮,用户已经找不到曾经的菜单和工具栏,取而代之的是一个个以工作成果为导向的选项卡。

图 1-1　起始界面

当新建零件文件或打开现有的零件文件时,界面如图 1-2 所示,此模块为零件设计的工作界面,其他模块的截面风格也基本如此。

以零件设计模块为对象,Creo Parametric 的工作界面由以下几个部分组成。

① 快速访问工具栏:通过该工具栏可以快速访问频繁使用的工具,该工具栏中的工具可以根据用户的需要进行增减。

② 选项卡:位于窗口的上部,选项卡用于放置各种命令。不同的模块,显示的选项卡以及其中的命令都有所不同。

③ 图形工具栏:提供各种图形显示方式以及操作。

④ 模型树:默认状态下位于窗口的左侧,按照用户建立特征的顺序,将它们以树状的结构列出。它是一个非常重要的使用对象,既反映了特征的顺序,又方便了特征的选取。

⑤ 菜单:Creo Parametric 软件中唯一的一个"文件"菜单,该菜单中集成了一些常用的文件操作命令。

⑥ 选取过滤栏:位于主窗口的右下角,使用该栏相应选项,可以有目的地选择模

型中的对象。利用该功能,可以在较复杂的模型中快速选择要操作的对象。单击其右侧的下三角按钮,打开的下拉列表框中显示了当前模型可供选择的选项。

⑦ 提示栏:显示当前操作提示信息。

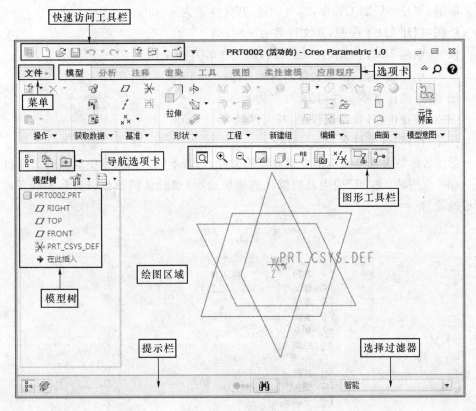

图 1-2　工作界面

1.2　文件管理

选择"文件"菜单项,将弹出"文件"下拉菜单。下面将介绍该菜单中的常用功能选项。

1.2.1　新建文件

选择"文件"→"新建"菜单项,或者单击快速启动工具栏中的"新建"按钮，出现如图 1-3 所示的"新建"对话框。该对话框包括要建立的文件类型及其子类型。

① "类型":在该选项区域中列出 Creo Parametric 提供的功能模块。

布局:创建产品装配布局,其文件名为 *.lay。

3

草绘:创建 2D 草图文件,其文件名为 *.Sec。

零件:创建 3D 零件设计模型文件,其文件名为 *.prt。

装配:创建 3D 零件模型装配文件,其文件名为 *.asm。

制造:创建 NC 加工程序,模具设计,其文件名为 *.mfg。

绘图:创建 2D 工程图,其文件名为 *.drw。

格式:创建 2D 工程图的图纸格式,其文件名为 *.frm。

报表:创建模型报表,其文件名为 *.rep。

记事本:创件文本文件,其文件名为 *.txt。

图表:创建电路,管路流程图,其文件名为 *.dgm。

标记:注解,其文件名为 *.mrk.。

② "名称":可在该文本框中输入新的文件名,若不输入则为系统默认的文件名。

③ "使用默认模板"使用系统默认的模块选项,如默认的单位、视图、基准平面、图层等设置。

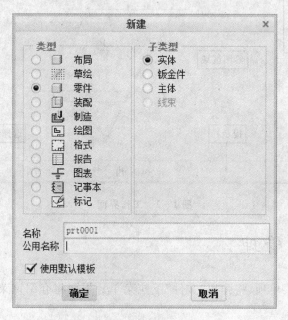

图 1-3 "新建"对话框

1.2.2　打开文件

选择"文件"→"打开"菜单项,或者单击快速启动工具栏中的"打开"按钮，出现如图 1-4 所示的对话框,使用该对话框可以打开系统接受的图形文件。

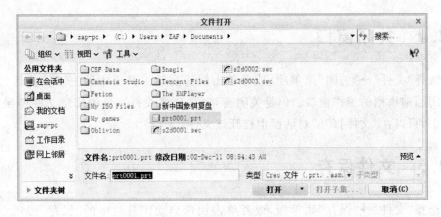

图 1-4　"文件打开"对话框

1.2.3　设置工作目录

Creo Parametric 软件在运行过程中会将大量的文件保存在当前目录中,也常常从当前目录中自动打开文件。为了更好地管理 Creo Parametric 软件大量有关联的文件,应特别注意,在进入 Creo Parametric 软件后、开始工作前,最要紧的事情就是设置工作目录。

具体设置方法如下所述。单击"主页"选项卡中"设置工作目录"按钮,或者选择"文件"→"管理会话"→"选择工作目录"菜单项,出现如图 1-5 所示的对话框。在"文件名"文本框中输入一个目录名称,单击"确定"按钮即可完成工作目录的设置。通过设置当前工作目录,可以方便地进行文件的保存和打开,从而有利于文件的管理。

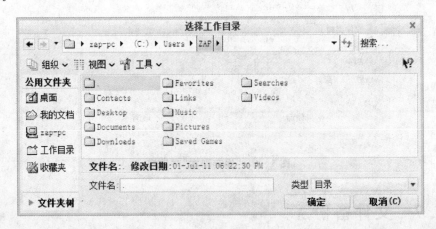

图 1-5　"选择工作目录"对话框

1.2.4　关闭窗口

选择"文件"→"关闭"菜单项，或者单击快速启动工具栏中的"关闭"按钮🗖，可以关闭当前模型的工作窗口。但是关闭窗口后，创建或打开过的模型文件还保留在内存中，可以在"文件打开"对话框中打开该文件。

1.2.5　文件保存

选择"文件"→"保存"菜单项，或者单击快速启动工具栏中的"保存"按钮🖫，可以将当前工作窗口的模型文件保存到工作目录中。每保存一次，就生成一个新的版本文件，原来版本的文件不会被覆盖。

1.2.6　保存副本

选择"文件"→"另存为"→"保存副本"菜单项，出现如图 1-6 所示的对话框。选择要保存的目录，输入新的文件名，选择相应的文件类型，单击"确定"按钮即可。

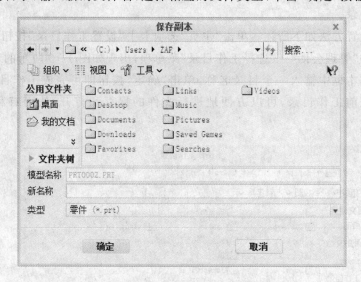

图 1-6　"保存副本"对话框

1.2.7　文件备份

选择"文件"→"另存为"→"保存备份"菜单项，出现如图 1-7 所示的对话框。在

"备份到"文本框中输入要备份的路径名称，单击"确定"按钮就完成备份。"备份"命令与"保存副本"的区别在于"备份"命令不能改变文件名，而"保存副本"命令可以。

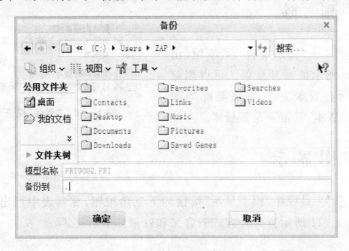

图 1-7　"备份"对话框

1.2.8　重命名

选择"文件"→"管理文件"→"重命名"菜单项，出现如图 1-8 所示的对话框，在其中可以更改当前工作窗口的模型文件的名称。在"新名称"文本框中输入新的文件名，再选取"在磁盘上和进程中重命名"（更改在硬盘和内存中的文件名）或"在进程中重命名"（更改内存中的文件名）选项。

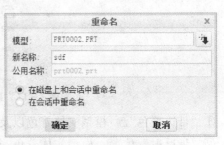

图 1-8　"重命名"对话框

1.2.9　拭　除

选择"文件"→"管理会话"菜单项，出现如图 1-9 所示的展开菜单，其中各选项含义如下。

"拭除当前"：将当前工作窗口中的模型文件从内存中擦除。

"拭除未显示的"：将没有显示在工作窗口中但存在内存中的所有模型文件擦除。

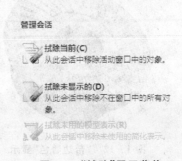

图 1-9"拭除"展开菜单

"拭除未用的模型表示"：从进程中移除未使用的简化表示。

1.2.10　删　除

选择"文件"→"管理文件"菜单项，出现如图 1-10 所示的展开菜单。可以删除当前模型的所有版本文件，或者删除当前模型的所有旧版本，只留下最新版本。

管理文件

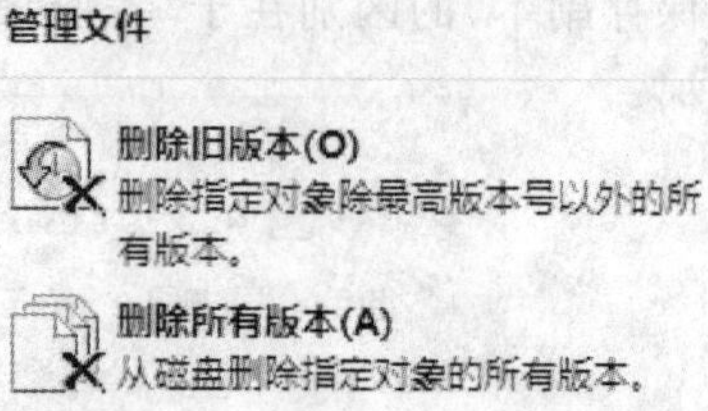

删除旧版本(O)
删除指定对象除最高版本号以外的所有版本。

删除所有版本(A)
从磁盘删除指定对象的所有版本。

图 1-10　"删除"展开菜单

1.3　视图显示

单击"图形"工具栏中"模型显示"按钮的下三角按钮，在列表中列出六种模型显示方式，如图 1-11 所示。各种方式的含义和效果如下所述。

图 1-11　显示方式列表

① "带边着色"：模型实体着色以及边线着色，如图 1-12 所示。

② "带反射着色"：模型实体着色，并带有实体投影以及镜面反射，如图 1-13 所示。

图 1-12　"带边着色"显示

图 1-13　"带反射着色"显示

③"着色"▢：模型实体着色，如图 1-14 所示。

④"消隐"▢：模型可见边线着色，如图 1-15 所示。

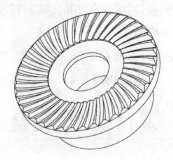

图 1-14　"着色"显示　　　　　　　　　图 1-15　"消隐"显示

⑤"隐藏线"▢：模型可见边线着色，隐藏边线也着色，隐藏线和可见边线颜色不同，如图 1-16 所示。

⑥"线框"▢：模型可见边线着色，隐藏边线也着色，隐藏线和可见边线颜色相同，如图 1-17 所示。

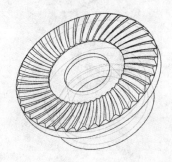

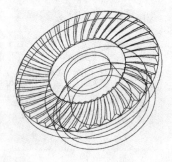

图 1-16　"隐藏线"显示　　　　　　　　　图 1-17　"线框"显示

1.4　鼠标的功能

在 Creo Parametric 中使用的鼠标必须是三键鼠标。

① 左键：用于选取菜单选项、图标按钮、选取对象、确定位置等。

② 中键：单击鼠标中键可以结束当前的操作。另外，鼠标中键还可用于控制视图方位、动态缩放显示模型及动态平移显示模型等。具体操作如下。

- 动态旋转：按住鼠标中键并移动鼠标，可以动态旋转显示位于工作区的模型。

- 缩放：同时按住 Ctrl 键和鼠标中键，上下拖动鼠标可以动态地放大显示或缩小显示位于工作区的模型。转动鼠标的滚轮同样可以动态地放大显示或缩小显示在工作区的模型。

- 平移：同时按住 Shift 键和鼠标中键，拖动鼠标可以动态地平移显示在工作区的模型。

③ 右键：选取在工作区的对象、模型树中的对象、图标按钮等，单击鼠标右键，显示相应的快捷菜单。

1.5 入门案例：铰链

铰链案例是一个入门案例，零件不多，结构简单；通过该案例，读者可以体会到 Creo Parametric 软件从零件设计到装配设计最后到爆炸工程图设计的一整套产品设计的流程。铰链如图 1-18 所示。

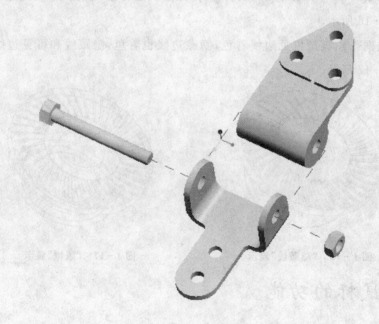

图 1-18 铰 链

1.5.1 设计流程

铰链的设计流程如图 1-19 所示。

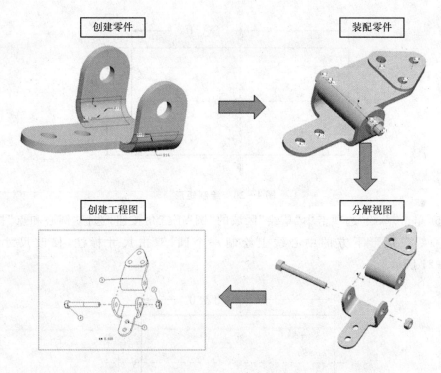

创建零件

装配零件

创建工程图

分解视图

图 1 - 19　设计流程

1.5.2　操作步骤

1. 新建零件 hinge_1

① 单击"主页"选项卡中"设置工作目录"按钮 ，给新文件指定保存的路径，单击"确定"按钮。

② 单击"主页"选项卡中的"新建"按钮 ，或者选择"文件"→"新建"菜单项，弹出"新建"对话框，在"类型"中选择"零件"，并将文件名修改成"hinge_1"，取消"使用默认模板"选项的选中状态，单击"确定"按钮。进入"新建文件选项"对话框，选择模板"mmns_part_solid"，单击"确定"按钮，完成新建文件设置。

③ 单击"模型"选项卡中"形状"区域的"拉伸"按钮 ，选择平面 TOP 为草绘平面。选择"TOP"平面作为草绘平面。

④ 单击"草绘"选项卡中"草绘"区域的"矩形"下三角按钮，选择"中心矩形"按钮 中心矩形，捕捉参考线交点为中心点，拖动鼠标绘制一个矩形，双击尺寸标注，修改尺寸，如图 1 - 20 所示。

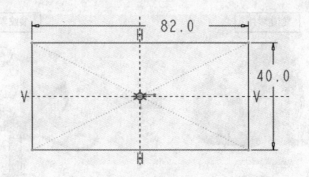

图 1-20 绘制矩形

⑤ 单击"草绘"选项卡中"草绘"区域的"圆"下三角按钮,选择"圆心和点"按钮 ◎ 圆心和点,在矩形下方的中心线上绘制一个圆,双击尺寸标注,修改尺寸,如图 1-21 所示。

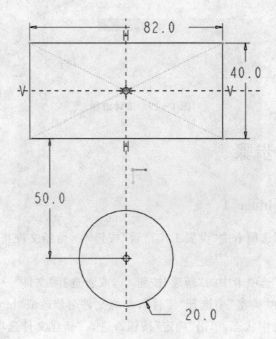

图 1-21 绘制圆

⑥ 单击"草绘"选项卡中"草绘"区域的"线"按钮 ✓ 线,在圆的两侧绘制两条切线,与圆相切并垂直于矩形,如图 1-22 所示。

⑦ 单击"草绘"选项卡中"草绘"区域的"圆"下三角按钮,选择"圆心和点"按钮 ◎ 圆心和点,在圆心以及参考线上绘制量半径相等的圆,双击尺寸标注,修改尺寸,如图 1-23 所示。

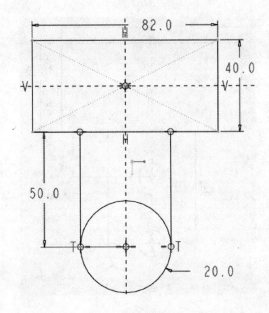

图 1 - 22　绘制切线

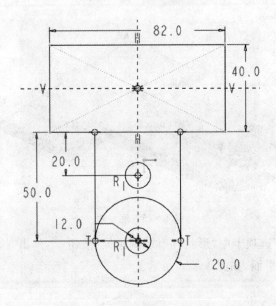

图 1 - 23　绘制圆

⑧ 单击"草绘"选项卡中"编辑"区域的"删除段"按钮 ⾄ 删除段，选择多余的线段将其删去，如图 1 - 24 所示。

⑨ 单击"草绘"选项卡中"关闭"区域的"确定"按钮 ✔。在"拉伸"选项卡中输入拉伸高度 6，单击"确定"按钮 ✔ 或者单击鼠标中键完成底板的绘制，如图 1 - 25 所示。

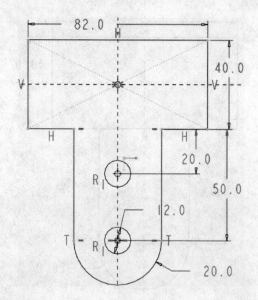

图 1－24　修剪图形

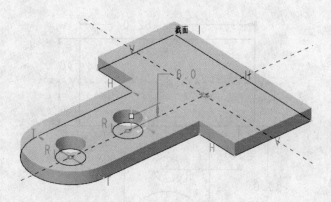

图 1－25　底　板

⑩ 单击"模型"选项卡中"形状"区域的"拉伸"按钮 ，弹出"拉伸"选项卡。选择实体的侧面为草绘平面，如图 1－26 所示。

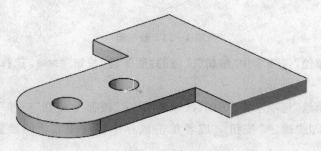

图 1－26　选择草绘平面

⑪ 单击"草绘"选项卡中"设置"区域的"参考"按钮 ，弹出"参考"对话框，选择实体的三条边为草绘参照，如图 1-27 所示。

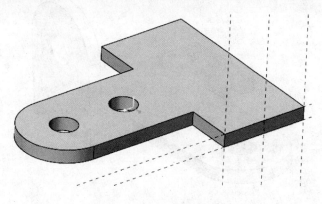

图 1-27 "参照"设置

⑫ 单击"草绘"选项卡中"草绘"区域的"矩形"下三角按钮，选择"拐角矩形"按钮 ，捕捉对角点绘制一个矩形，双击其高度尺寸，修改为 30。单击"草绘"选项卡中"草绘"区域的"圆"下三角按钮，选择"圆心和点"按钮 ，以矩形上边的中点为圆心绘制同心圆，双击小圆直径尺寸改为 13，如图 1-28 所示。

⑬ 单击"草绘"选项卡中"编辑"区域的"删除段"按钮 ，将多余的线段删去，即完成了截面轮廓的绘制，如图 1-29 所示。

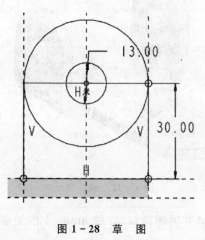

图 1-28 草 图

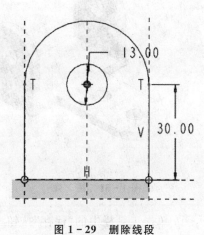

图 1-29 删除线段

⑭ 单击"草绘"选项卡中"关闭"区域的"确定"按钮 ，在"拉伸"选项卡中输入拉伸高度 6，单击"确定"按钮 或者单击鼠标中键完成侧壁的绘制，如图 1-30 所示。

⑮ 在模型树中选中第⑭步创建的拉伸特征，单击"草绘"选项卡中"编辑"区域的"镜像"按钮 ，选择中间的 RIGHT 面作为镜像平面，单击"镜像"选项卡"完成"

15

按钮☑，或者单击鼠标中键完成镜像操作，结果如图 1－31 所示。

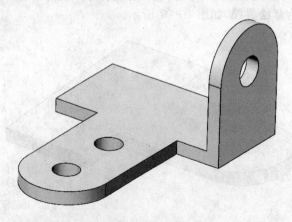

图 1－30　侧　壁

⑯ 单击"工程特征"工具栏中"倒圆角"按钮 ⚙倒圆角，弹出"倒圆角"选项卡，输入圆角半径 10，按住 Ctrl 键选中内侧的两条边。在绘图区域空白处右击，在弹出的快捷菜单中选择"添加集"选项，然后将圆角半径修改为 16，按住 Ctrl 键选中外侧的两条边，单击"完成"按钮☑或者单击鼠标中键完成圆角特征的创建，如图 1－32 所示。

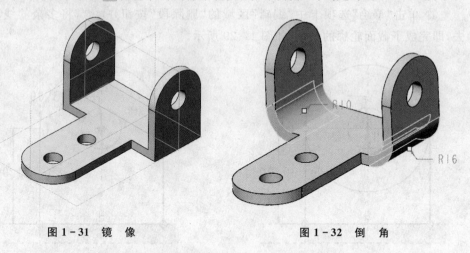

图 1－31　镜　像　　　　　　　　　图 1－32　倒　角

⑰ 单击工具栏中的"保存"按钮🖫，保存模型并关闭窗口，完成 hinge_1 的绘制。

2. 新建零件 hinge_2

① 单击"主页"选项卡中的"新建"按钮 🗋，或者选择"文件"→"新建"菜单项，弹出"新建"对话框，在"类型"中选择"零件"，并将文件名修改成"hinge_2"，取消"使用默认模板"选项的选中状态，单击"确定"按钮。进入"新建文件选项"对话框，选择模板"mmns_part_solid"，单击"确定"按钮，完成新建文件设置。

② 单击"模型"选项卡中"形状"区域的"拉伸"按钮 ，选择平面 TOP 为草绘平面。选择"TOP"平面作为草绘平面。

③ 单击"草绘"选项卡中"草绘"区域的"圆"下三角按钮，选择"圆心和点"按钮 ⊙ 圆心和点，以坐标系原点为圆心绘制两个同心圆，直径分别为 13 和 40。单击"线"按钮 ∿线，绘制如图 1－33 所示的图形并修改尺寸。

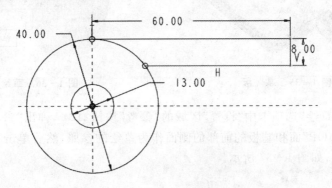

图 1－33　草　图

④ 单击"草绘"选项卡中"草绘"区域的"圆角"按钮 ⌒圆角，选择需要倒圆角的边，创建一个半径为 8 的圆角。单击"草绘"选项卡"编辑"区域"删除段"按钮 ⨤删除段，选择需要删除掉的图元，单击"完成"按钮 ✔，完成草图的绘制，如图 1－34 所示。

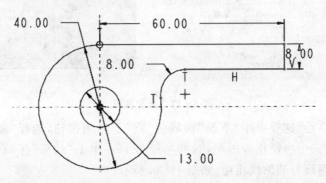

图 1－34　删除线段

⑤ 将"拉伸"选项卡中的"拉伸深度值"改为 70，"拉伸方式"选择为"对称拉伸" ，单击"完成"按钮 或者单击鼠标中键完成基板的绘制，如图 1－35 所示。

⑥ 单击"模型"选项卡中"形状"区域的"拉伸"按钮 ，弹出"拉伸"选项卡。选取基板前部的底面作为草绘平面，如图 1－36 所示。

图 1-35 基 板

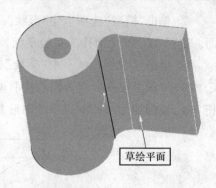

草绘平面

图 1-36 草绘平面

⑦ 单击"草绘"选项卡中"设置"区域的"参考"按钮 ，弹出"参考"对话框，在绘图区选择"TOP"面和基板的前部的侧面作为草绘的参照，然后单击"关闭"按钮完成参照的设置，如图 1-37 所示。

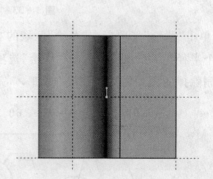

图 1-37 设置参照

⑧ 单击"草绘"选项卡中"草绘"区域的"圆"下三角按钮，选择"圆心和点"按钮 ，绘制三个半径相等的圆，圆的半径为 15。单击"约束"区域的"相切"按钮 ，将其中两圆与辅助线相切，如图 1-38 所示。

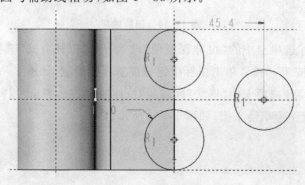

图 1-38 绘制圆

⑨ 单击"草绘"选项卡中"草绘"区域的"线"下三角按钮,单击"直线相切"按钮 ↖ 直线相切,分别做三个圆的切线。单击"约束"区域的"相等"按钮 = 相等,将三条切线长度约束为等长,如图 1-39 所示。

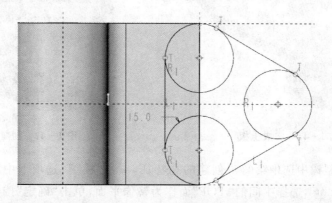

图 1-39　创建公切线

⑩ 单击"草绘"选项卡中"编辑"区域的"删除段"按钮 ⳾ 删除段,选择需要删去的图元。最后绘制一个直径为 12 的小圆,小圆与顶圆是同心圆,如图 1-40 所示。单击"草绘"选项卡中"关闭"区域的"确定"按钮 ✔。

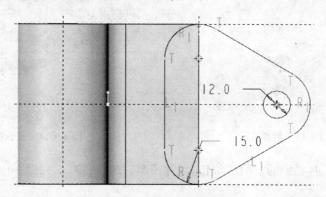

图 1-40　完成草图

⑪ 在"拉伸"选项卡中输入深度值 12,单击"确定"按钮☑或者单击鼠标中键完成上板的绘制,如图 1-41 所示。

⑫ 单击"模型"选项卡中"基准"区域的"基准轴"按钮 ⸋ 轴,弹出"基准轴"对话框,选择图 1-42 所示的曲面,单击"确定"按钮。

⑬ 单击"模型"选项卡中"工程"区域的"孔"按钮 ⯄ 孔,弹出"孔"选项卡,将孔的直径改为 12。按住 Ctrl 键,选择上板的顶面以及轴作为孔的放参照,单击"确定"按钮☑或者单击鼠标中键完成孔特征,如图 1-43 所示。

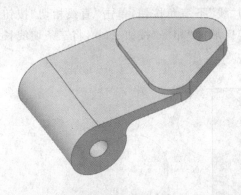

图 1-41　完成上板

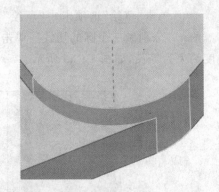

图 1-42　创建基准轴

⑭ 在模型树中选中第⑬步创建的孔特征,单击"模型"选项卡中"编辑"区域的"镜像"按钮 ✖镜像,选择中间的"TOP"面作为镜像平面,单击"确定"按钮 ✅或者单击鼠标中键完成镜像。结果如图 1-44 所示。

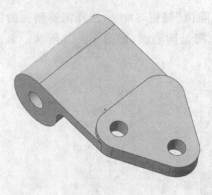

图 1-43　创建孔

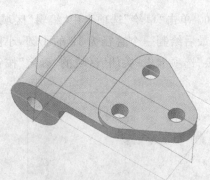

图 1-44　镜像孔

⑮ 单击工具栏中的"保存"按钮,保存模型,并关闭窗口,完成 hinge_2 的绘制。

3. 新建零件 blot

① 单击工具栏中"新建"按钮 □,或者选择"文件"→"新建"菜单项,弹出"新建"对话框,在"类型"中选择"零件",将文件名修改成"blot",取消"缺省模板"选项的选中状态,单击"确定"按钮。进入"模板"选择对话框,选择"mmns_part_solid",单击"确定"按钮,完成新建文件设置。

② 单击"模型"选项卡中"形状"区域的"拉伸"按钮 🗗,选择平面 TOP 为草绘平面。选择"TOP"平面作为草绘平面。单击"草绘"选项卡中"草绘"区域的"圆"下三角按钮,选择"圆心和点"按钮 ⊙ 圆心和点,以坐标系原点为圆心绘制直径为 12 的圆,单击"确定"按钮 ✔返回"拉伸"选项卡。将"拉伸"选项卡中的"拉伸深度值"改为 100,

"拉伸方式"选择为"对称拉伸"⊟,单击"完成"按钮☑或者单击鼠标中键完成基板的绘制。效果如图 1-45 所示。

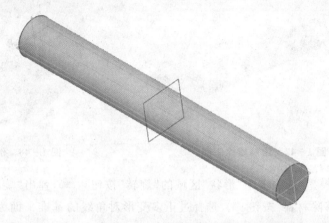

图 1-45　圆　柱

③ 单击"模型"选项卡中"形状"区域的"拉伸"按钮🗗,选择圆柱端面作为草绘平面,单击"草绘"选项卡"草绘"区域中"调色板"按钮⊘,弹出"草绘器调色板"对话框。在"多边形"选项卡中将"六边形"拖入绘图区域,再从绘图区域拖动到辅助线的交点上,单击"关闭"按钮。单击"旋转调整大小"选项卡中的"完成"按钮✔,将正多边形中的边长尺寸标注删去,此时会显示多边形外接圆的半径,双击该尺寸将其修改为11.5,如图 1-46 所示,单击"确定"按钮✔返回"拉伸"选项卡。在"拉伸"选项卡中输入拉伸高度 10,结果如图 1-47 所示。

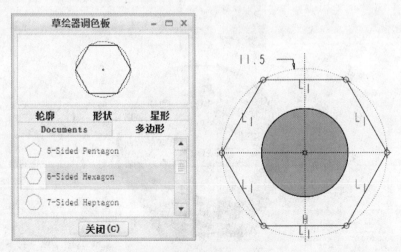

图 1-46　绘制正六边形

④ 单击"模型"选项卡中"工程特征"区域中"倒角"按钮◎倒角,弹出"倒角"选项卡,单击工具栏中"倒角"按钮◎,在选项卡中选择 45×D 的方式,在文本框中输入 1,

选择需要倒角的边,单击"完成"按钮 ✓,结果如图 1-48 所示。

图 1-47　绘制螺栓头部　　　　　　　　　　图 1-48　倒　角

⑤ 单击"模型"选项卡中"形状"区域的"旋转"按钮 ⊕ 旋转,弹出"旋转"选项卡,在选项中单击"移除材料"按钮 ⊿。选择过正多变形对角线的基准平面为草绘平面,单击"草绘"选项卡中"设置"区域的"参考"按钮 ⊡ 参考,弹出"参考"对话框,选择实体上方和左侧边为辅助线,单击"线"按钮 ∧ 线,绘制一条 45°斜线,单击"中心线"按钮 ┊ 中心线 绘制一条中心线,在中心线上右击,在弹出的快捷菜单中选择"指定旋转轴"选项,单击"确定"按钮返回"旋转"选项卡,选择修剪实体的方向,单击"确定"按钮 ✓。过程如图 1-49 所示。

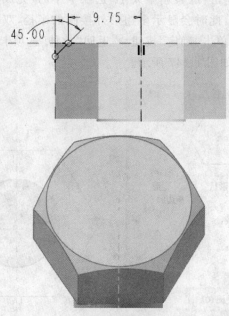

图 1-49　旋转减料

⑥ 保存模型,并关闭窗口,完成 blot 的绘制。

4. 新建 nut 零件文件

① 单击"主页"选项卡中的"新建"按钮 ，或者选择"文件"→"新建"菜单项，弹出"新建"对话框，在"类型"中选择"零件"，文件名修改成"nut"，取消"使用默认模板"选项的选中状态，单击"确定"按钮。进入"新建文件选项"对话框，选择模板"mmns_part_solid"，单击"确定"按钮，完成新建文件设置。

② 单击"模型"选项卡中"形状"区域的"拉伸"按钮 ，选择"TOP"作为草绘平面，绘制一个外接圆半径为 11.5 的正六边形，在其中心绘制一个直径为 12 的圆，拉伸高度为 10，拉伸方式为对称拉伸，如图 1 - 50 所示。

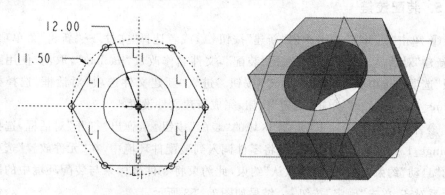

图 1 - 50　拉伸六边形

③ 单击"模型"选项卡中"形状"区域的"旋转"按钮 ，使用"旋转"命令切割实体，如图 1 - 51 所示。

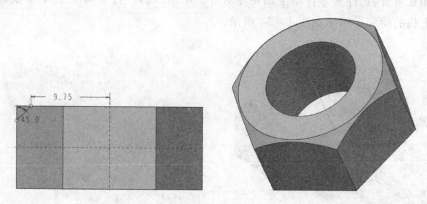

图 1 - 51　旋转减料

④ 在模型树中选中第③步创建的旋转特征，单击单击"草绘"选项卡"编辑"区域中"镜像"按钮 ，选择"TOP"作为镜像平面，单击鼠标中键完成镜像，结果如图 1 - 52 所示。

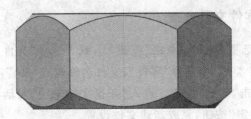

图 1-52　镜像特征

⑤ 单击工具栏中的"保存"按钮■，保存模型，并关闭窗口，完成 nut 的绘制。

5. 装配铰链

① 单击"主页"选项卡中的"新建"按钮□，或者选择"文件"→"新建"菜单项，弹出"新建"对话框，在"类型"中选择"装配"，文件名修改成"jiaolian"，取消"使用默认模板"选项的选中状态，单击"确定"按钮。进入"新建文件选项"对话框，选择模板"mmns_asm_design"，单击"确定"按钮，完成新建文件设置。

② 单击"模型"选项卡"元件"区域的"装配"按钮，弹出"打开"对话框，选择零件 hinge_1.prt，单击"打开"按钮将零件调入到装配件环境中，在"元件放置"选项卡中的"自动"约束列表中选择"默认"约束，此约束将零件坐标系与装配环境中的默认坐标系对齐，单击"确定"按钮，结果如图 1-53 所示。

③ 单击"模型"选项卡中"元件"区域的"装配"按钮，弹出"打开"对话框，选择零件 hinge_2.prt，单击"打开"按钮将零件调入到装配环境中，选择两零件对称基准平面相互对齐，选择两零件基准轴相互对齐。单击"确定"按钮或者单击鼠标中键完成上板的绘制。结果如图 1-54 所示。

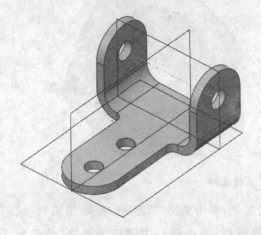

图 1-53　默认装配

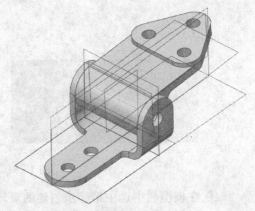

图 1-54　"销钉"约束装配

④ 单击"模型"选项卡中"元件"区域的"装配"按钮 🔧，选择 blot. prt 作为第一个装配零件，然后选择 blot 的端面与 hinge_1 的端面，选择 blot. prt 中心的轴与 hinge_1 中心的轴，单击"完成"按钮 ☑ 或者单击鼠标中键完成上板的绘制。使用相同的方法将 nut. prt 装配到铰链上，即完成了铰链的装配，结果如图 1 - 55 所示。

⑤ 单击图形工具栏中"视图管理器"按钮 🗔，弹出"视图管理器"对话框，如图 1 - 56 所示。单击"分解"选项卡，单击"新建"按钮，将名称改为 hinge，按 Enter 键，单击"编辑"下三角按钮，选择"编辑位置"选项弹出"分解工具"选项卡。

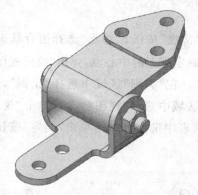

图 1 - 55　装配 blot. prt 和 nut. prt

图 1 - 56　定义分解视图

⑥ 在"分解工具"对话框中单击"编辑位置"按钮 🖳，选择需要分解的零件，选择后该零件上会出现一个坐标系，拖动坐标系中各轴，零件则按照轴的方向进行移动。移动完成后单击"确定"按钮，零件如图 1 - 57 所示。

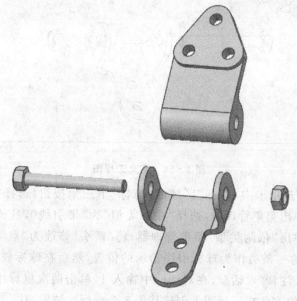

图 1 - 57　分解元件

⑦ 保存模型并关闭窗口,完成铰链的装配和分解。

6. 创建工程图

① 单击"主页"选项卡中的"新建"按钮▢,或者选择"文件"→"新建"菜单项,弹出"新建"对话框。在类型区域中选择"绘图",在"名称"文本框中输入文件名称,取消"使用缺省模板"选项的选中状态,在"名称"编辑框中输入文件名称,单击"确定"按钮,进入"新制图"选择对话框,在"指定模板"区域选择"空"、"图纸大小"选择 A4,单击"确定"按钮,完成新建工程图设置。

② 单击"布局"选项卡"模型视图"区域的"常规"按钮▧,弹出"选择组合状态"对话框,单击"确定"按钮,在绘图区域单击一点,确定视图的中心点,弹出"绘图视图"对话框,在"模型视图名"列表中选择"默认方向"。在"类别"区域中选择"比例",选择"定制比例",在文本框中输入 0.5。在"类别"区域中选择"视图状态",单击"视图中的分解元件"单选钮,在"装配分解状态"下拉列表中选择 hinge,单击"确定"按钮,如图 1-58 所示。

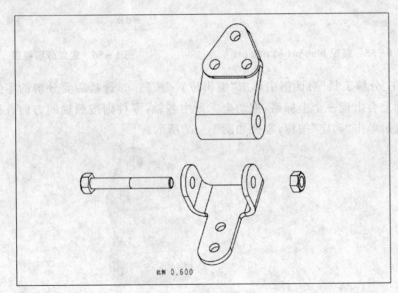

比例 0.600

图 1-58 定义工程图

③ 单击"表"选项卡中"球标"区域的"球标"下三角按钮,选择"创建球标注解"⊶⊕创建球标注解,弹出菜单管理器,选择"注释类型"为"带引线",其他设置为默认,单击"制作注释",弹出"依附类型"菜单管理器,将"箭头"修改为"点"。在绘图区选择 hinge_1 零件上的一条边作为球标引线指示的位置,然后在球标放置位置单击鼠标中键。弹出"输入注释"对话框,在对话框中输入 1,单击两次鼠标中键,完成球标的定义。按照同样的方法在工程图上创建其他 3 个球标。结果如图 1-59 所示。

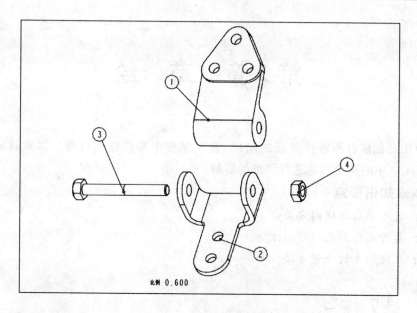

图 1-59　创建球标

④ 保存模型并关闭窗口。完成工程图的绘制。

第 2 章　草　绘

草图是创建各种零件特征的基础,它贯穿整个零件建模过程。本章将对 Creo Parametric 中的草绘功能进行详细的讲解。

本章知识要点:

☆ 进入草绘模块的方法

☆ 各种几何图元的绘制方法

☆ 几何约束的使用方法

2.1　概　述

Creo Parametric 实体模型的建立首先要确定草图再生成实体特征,如图 2-1 所示。草图是指在二维平面上通过基本几何图形组成实体模型的轮廓图或截面图。这些实体轮廓和截面图在实体设计工作台通过拉伸、旋转或沿着曲线等操作可以形成实体特征的基本特征。

下面就来介绍绘制图元、约束及草图的一般操作。

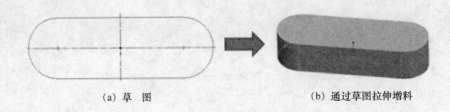

(a) 草　图　　　　　　　　　　　(b) 通过草图拉伸增料

图 2-1　实体建模的过程

2.1.1　草图工作台进入方法

方法一:单击快速访问工具栏中"新建"按钮 ,或者选择"文件"→"新建"菜单项,弹出"新建"对话框,在"类型"选项区域中选择"草绘"选项,如图 2-2 所示。

方法二:在"新建"对话框的"类型"选项区域中选择"零件"选项,如图 2-3 所示。

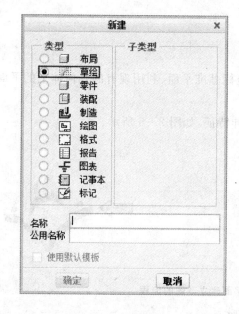

图 2-2 新建"草绘"

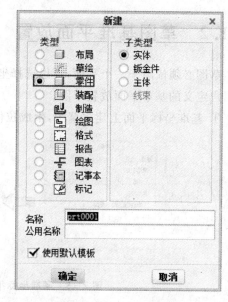

图 2-3 新建"零件"

单击"模型"选项卡"基准"区域中的"草绘"按钮 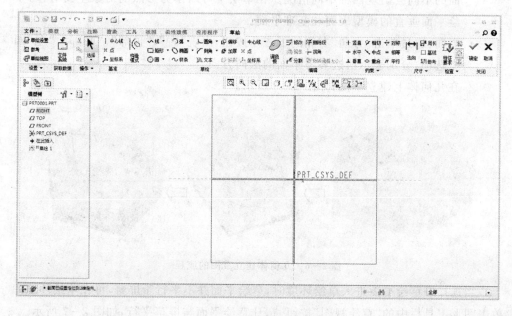，然后选择一个放置草图的平面，即可进入到草图工作界面，如图 2-4 所示。生成独立草绘特征，在模型特征树中会显示单独的特征树节点，被称为外部草绘。与之对应的内部草绘是实体特征的一部分，外部草绘的特点是可以作为多个特征的草图。

图 2-4 草图工作界面

2.1.2　草图基准平面放置

草图必须依附于一个平面,可以选择坐标基准平面、利用现有的几何体上的平面或用户定义的基本平面放置草图。

① 基准坐标平面上建立草图,生成拉伸特征,如图 2-5 所示。

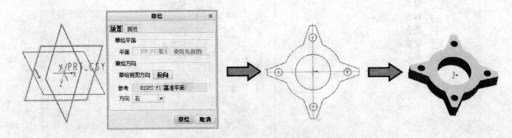

图 2-5　基准坐标平面建立草图的流程

"草绘"对话框中的各选项的含义介绍如下。

- 草绘平面:绘制实体剖截面轮廓的平面。
- 草绘方向:该方向为用户观察草图绘制平面的观察方向和特征的建立方向。可以通过单击"反向"按钮来改变该方向。
- 参考:此处参照为草绘视角参照,即草绘平面在屏幕上的放置位置,因其参考面的不同会出现四种不同情况。在草绘中可以作为参照的对象主要有:与草绘平面垂直的模型表面和基准平面。
- 方向:通过单击"方向"右侧的下三角按钮,出现"右"、"顶部"、"底部"、"左"四个选项,分别表示所选参考平面的法向方向。

② 在几何体上建立草图,如图 2-6 所示。

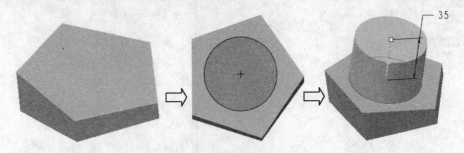

图 2-6　几何体建立草图的流程

当选择好草绘平面进入草绘环境时,草绘平面并不平行于屏幕,可在草绘环境中单击图形工具栏中的"草绘视图"按钮 ,让草绘平面与屏幕平行,如图 2-7 所示。

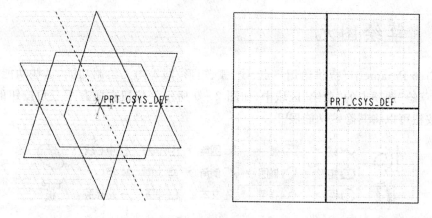

图 2－7　调整草绘平面方向

如果进入草绘环境设置草绘时草绘平面自动与屏幕平行，就需要进行如下设置：选择"文件"→"选项"菜单项，弹出"Creo Parametric 选项"对话框（如图 2－8 所示），选择对话框左侧的"草绘器"选项，在右侧的"草绘器启动"区域中勾选"使草绘平面与屏幕平行"选项，即可完成设置。

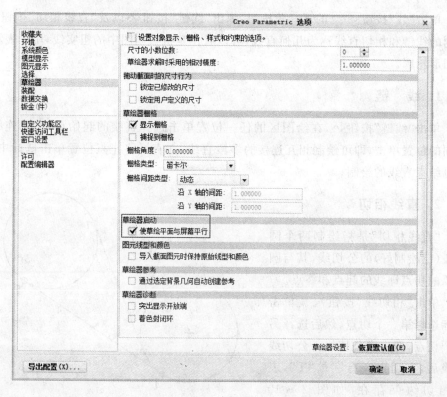

图 2－8　"Creo Parametric 选项"对话框

2.2 草绘图元

Creo Parametric 提供给用户点、线、弧、矩形、圆等图元绘制功能，这些功能都集中在"草绘"选项卡的"草绘"区域中，如图 2-9 所示。按钮右侧有下三角按钮的，单击该按钮可以将其隐藏功能展开。

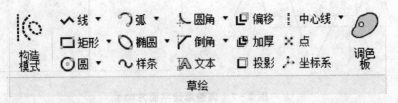

图 2-9 草图图元

2.2.1 线

单击"线"按钮 ∿线▾ 的下三角按钮，弹出"线链"按钮 ∿ 以及"直线相切"按钮 ↘，绘制的线链和相切直线称为几何直线，可以看作是机械制图中的粗实线，用于表示几何图形轮廓。

1. 线 链

单击"线链"按钮 ∿，在绘图区的任一位置单击选择直线的起始点，然后连续在不同的位置单击，即可绘制相互连接的多段直线，在直线终止点位置单击鼠标中键，即可结束直线的绘制。

2. 直线相切

"直线相切"是指绘制两个圆或弧(已绘制好)的公切线，其与圆或弧的切点即线的起点和终点。

单击"相切线"按钮 ↘。单击鼠标选择第一个切点，然后选择另一个切点，即生成公切线。公切线生成后，在切点旁有字母"T"，表示相切约束存在，如图 2-10 所示。

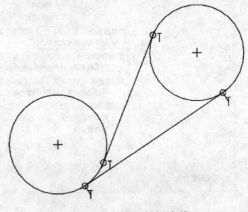

图 2-10 绘制相切直线

2.2.2 中心线

中心线不能表示几何图形的轮廓,只是起到辅助绘图功能,可以作为对称轴线或对其基准线,并且"中心线"也是一些实体特征创建时必不可少的元素,例如创建旋转特征时必须使用中心线绘制旋转轴。

单击"中心线"按钮 ┊ 中心线 · 的下三角按钮,弹出"中心线"按钮 ┊ 以及"中心线相切"按钮 ┊,绘制方法与"线链"基本类似,这里不再详细讲述。

2.2.3 矩 形

单击"矩形"按钮 □矩形 · 的下三角按钮,弹出"拐角矩形"按钮 □ 、"斜矩形"按钮 ◇ 、"中心矩形"按钮 ▱ 、"平行四边形"按钮 ▱ 。

1. 拐角矩形

单击"拐角矩形" □ 按钮,在绘图区域中使用鼠标左键确定矩形的两个对角点就可以绘制矩形了,如图 2-11 所示。

2. 斜矩形

"斜矩形"命令 ◇ 用来绘制一个边与横轴成任意角度的矩形,通常需要确定矩形的 3 个点,即一条边的两个端点以及对边的一个端点,如图 2-12 所示。

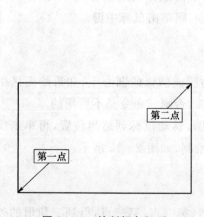

图 2-11 绘制拐角矩形

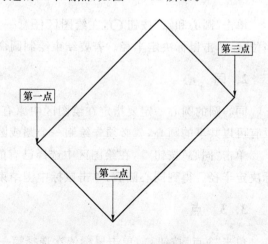

图 2-12 绘制斜矩形

3. 中心矩形

单击"中心矩形"按钮▢,使用鼠标左键在绘图区域中确定矩形的中心点以及矩形的一个角点即可,如图2-13所示。

4. 平行四边形

单击"平行四边形"按钮◻,需要在绘图区中确定平行四边形的三个顶点,如图2-14所示。

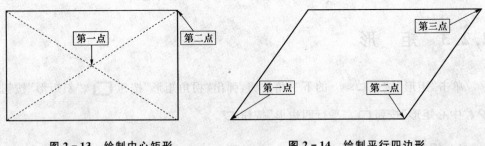

图2-13　绘制中心矩形　　　　　图2-14　绘制平行四边形

2.2.4　圆

单击"圆"按钮◉▾的下三角按钮,弹出"圆心和点"按钮◯、"同心"按钮◎、"3点"按钮◯、"3相切"按钮◯。

1. 圆心和点

单击"圆心和点"按钮◯,在绘图区任意一点单击鼠标确定圆心,移动鼠标到适当位置,单击鼠标决定半径。若要结束绘制圆命令,则单击鼠标中键。

2. 同　心

同心圆的圆心一定要指定在绘图区中原有的圆或圆弧的圆心上,如果绘图区中没有可以共享的圆心,就必须先绘制一个圆或圆弧,否则该命令是不可用的。

单击"同心"按钮◎,在绘图区中选择已有的圆,移动鼠标到适当位置,再单击鼠标决定半径。得到同心圆后,单击鼠标中键结束绘制,如图2-15所示。

3. 3　点

单击"3点"按钮◯,单击鼠标依次选择第一点、第二点、第三点,得到三角形的外接圆,如图2-16所示。

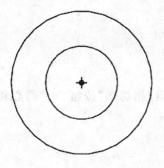

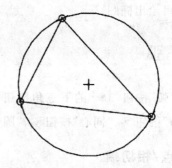

图 2 - 15　绘制同心圆　　　　　图 2 - 16　绘制三角形的外接圆

4. 3 相切

绘制 3 相切圆的步骤与绘制 3 点圆的类似,单击"3 相切"按钮 ⟳,依次选择 3 条直线即可,得到的圆与 3 条直线的切点均有符号"T",即相切。

2.2.5 椭　圆

单击"椭圆"按钮 ⬭椭圆 · 的下三角按钮,弹出"轴端点椭圆"按钮 ◌ 、"中心和轴椭圆"按钮 ◌。

1. 轴端点椭圆

单击"轴端点椭圆"按钮 ◌,先选择两点确定椭圆的一根轴,拖动鼠标在适当的位置单击确定另一根轴,如图 2 - 17 所示。

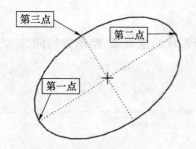

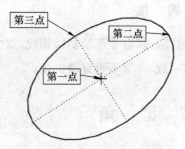

图 2 - 17　绘制椭圆

2. 中心和轴椭圆

首先在绘图区单击鼠标选择圆心点,然后移动鼠标到适当的位置,单击鼠标确定长短轴,即可绘出椭圆。

2.2.6 弧

单击"弧"按钮 ⌒弧 · 的下三角按钮,弹出"3 点/相切端"按钮 ⌒、"圆心和端点" ⌒、"3 相切"按钮 ⌐、"同心"按钮 ⌐、"圆锥"按钮 ⌐。

1. 3 点/相切端

该绘制方法操作比较简单,单击鼠标确定圆弧两个端点,以及圆弧上任意一点就可以绘制一条圆弧。

2. 圆心和端点

单击鼠标先确定圆心、再确定圆弧两端点,即可绘制一条圆弧,如图 2-18 所示。

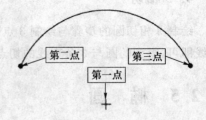

图 2-18 绘制圆弧

3. 3 相切

分别选择三个图元,即可绘制一条与三个图元均相切的圆弧。

4. 同 心

选择圆弧或圆,移动鼠标确定圆弧的两个端点即可绘制一条圆弧。

5. 圆 锥

通过"圆锥"命令可绘制抛物线、双曲线等形状的锥形弧,绘图方法同"3 点/相切端"基本一致,这里不再详细讲述。

2.2.7 圆 角

单击"圆角" ⌐圆角 · 的下三角按钮,弹出"圆形"按钮 ⌐、"圆形修剪"按钮 ⌐、"椭圆形"按钮、"椭圆形修剪"按钮,它们的操作方法都是一样的,只是结果不一样。

1. 圆 形

单击"圆形"按钮 ⌐,选择需要倒圆角的两个图元即可完成操作。该命令将倒圆角所要裁剪的图元转换成了构造线,如图2-19所示。

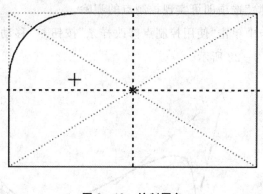

图 2-19　绘制圆角

2. 圆形修剪

"圆形修剪"命令的操作过程与"圆形"命令的一样,但是该命令会直接修剪掉圆角所要裁剪的部分。

2.2.8　样　条

单击"样条"按钮～样条,在绘图区单击鼠标确定第一点,再依次确定第二点、第三点、……、终点,单击鼠标中键结束选择,即可绘出图示样条曲线,如图2-20所示。

样条曲线可以通过增加插入点,使用控制点来进行编辑修改。

如图2-21所示,样条曲线确定的5个点,被称为控制点,通过移动、新增端点、添加控制点和删除控制点等方法可以对样条曲线进行编辑。

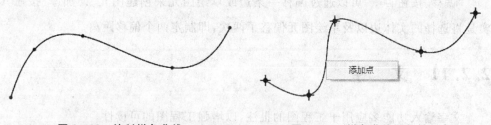

图 2-20　绘制样条曲线　　　　　图 2-21　样条曲线添加控制点

双击样条曲线,出现"样条"选项卡,在样条曲线需要添加控制点的位置右击,在弹出的快捷菜单中选择"添加点"选项,样条曲线上即出现了添加的控制点。单击选项卡中的"完成"按钮✔,完成添加控制点的编辑操作。在控制点上右击,在弹出的快捷菜单中选择"删除"选项即可实现控制点的删除。

在"样条"选项卡中单击"使用控制点修改样条"按钮⌓,移动控制点即可改变样条曲线的形态,如图2-22所示。

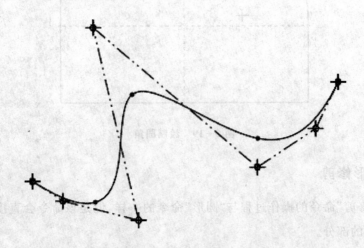

图2-22 控制点

2.2.9 投 影

"投影"按钮▢投影可以将已有的实体边或曲线投影到当前的草绘平面,使用时直接选取投影元素即可。

2.2.10 偏移、加厚

"偏移"按钮⊡偏移可以通过偏移一条边或草绘图元来创建图元。"加厚"按钮其实是将选择的实体边以及草绘图元偏移了两次,即制定两个偏移距离。

2.2.11 文 字

文字输入功能多应用于工程图的批注,以增强工程图的可读性。

如图2-23所示,单击"文本"按钮ᴬ文本。在绘图区单击鼠标绘制参考线,确定文字高度与方向,弹出"文本"对话框。在"文本行"文本框中输入"材料:Cr12MoV",单击 确定 按钮,则建立了文字。

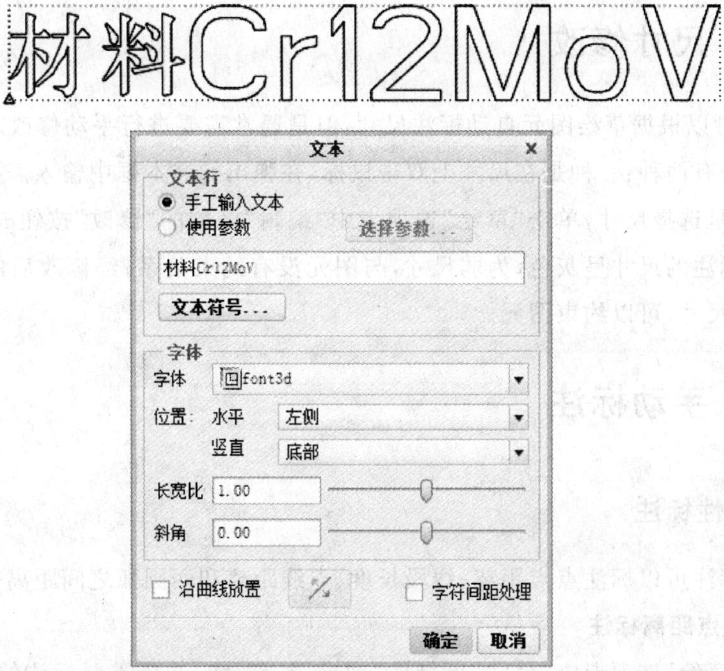

材料Cr12MoV

文本

文本行
◉ 手工输入文本
◯ 使用参数   选择参数...

材料Cr12MoV

文本符号...

字体
字体   回font3d   ▼
位置： 水平   左侧   ▼
       竖直   底部   ▼

长宽比 1.00   ─────○────
斜角   0.00   ─────○────

☐ 沿曲线放置   ╱   ☐ 字符间距处理

确定 **取消**

图 2-23 文字输入

2.3 尺寸标注

Creo Parametric 中的尺寸有两种：一种是自动标注的尺寸，呈现灰色，称为"弱尺寸"；另一种是手动标注的尺寸，呈现黑色，称为"强尺寸"。因为 Pro/ENGINEER 图形会受到尺寸改变的影响，而重生原来的图形，所以标注尺寸对控制几何图形是必不可少的。标注尺寸之前，必须先设置显示尺寸标注，也就是"图形工具"栏中的"显示尺寸"按钮为选中状态，如图 2-24 所示。

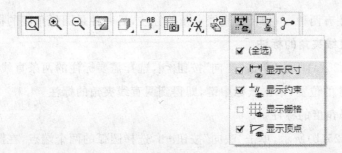

图 2-24 显示尺寸

2.3.1 尺寸修改

Creo 可以根据草绘图元自动标注尺寸,但是通常需要进行手动修改。手动修改尺寸的方法有两种:一种是在尺寸上双击鼠标,在弹出的文本框中输入需要修改的尺寸;另一种是选择尺寸,单击"草绘"选项卡中"编辑"区域的"修改"按钮 ⋾修改 进行修改。自动标注的尺寸呈灰色,为弱尺寸,与图元没有约束关系;经修改后的尺寸则呈黑色,为强尺寸,可以约束图元。

2.3.2 手动标注

1. 线性标注

线性标注可以标注点点距离、线段长度、点线距离和两圆弧之间距离等。

(1) 点点距离标注

单击"草绘"选项卡中"尺寸"区域的"法向"按钮|↔|,选择需要标注的两个点,再移动鼠标到将放置尺寸的位置,单击鼠标中键即完成点点距离的标注。

(2) 线段长度标注

单击"法向"按钮|↔|,选择需要标注尺寸的线段,移动鼠标到将要放置尺寸的位置,单击鼠标中键即完成线段长度的标注。

(3) 点线距离标注

单击"法向"按钮|↔|,选择需要标注的线段。单击鼠标选择要标注的点,移动鼠标到将要放置尺寸的位置,单击鼠标中键即完成点和线之间的距离标注。

2. 角度标注

角度标注有两种:一种是两直线夹角的标注,另一种是圆弧角度的标注。

(1) 两直线夹角的标注

如图 2-25(a)所示,单击"法向"按钮|↔|,选择需要标注的两条直线,移动鼠标到将要放置尺寸的位置,单击鼠标中键,即得到两直线夹角的标注。

(2) 圆弧角度的标注

如图 2-25(b)所示,单击"法向"按钮|↔|,选择圆弧的两个端点,在圆弧上单击鼠标,移动鼠标到将要放置尺寸的位置单击鼠标中键,即得到圆弧角度的标注。

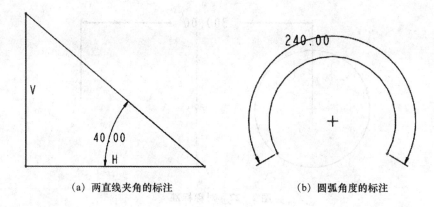

(a) 两直线夹角的标注　　　　　　　(b) 圆弧角度的标注

图 2-25　角度标注

3. 直径与半径的标注

(1) 半径标注

如图 2-26(a)所示,单击"法向"按钮 |↔| ,选择需要标注的圆或圆弧,当圆或圆弧变红后,移动鼠标到将要放置尺寸的位置单击鼠标中键,即得到圆或圆弧的半径标注。

(2) 直径标注

如图 2-26(b)所示,单击"法向"按钮 |↔| ,双击需要标注的圆或圆弧,移动鼠标到将要放置尺寸的位置单击鼠标中键,即得到圆或圆弧的直径标注。

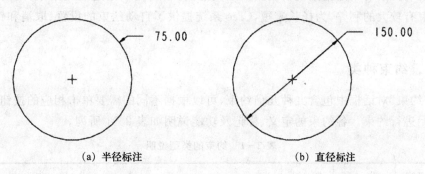

(a) 半径标注　　　　　　　　　(b) 直径标注

图 2-26　直径与半径的标注

4. 对称标注

如图 2-27 所示,单击"法向"按钮 |↔| ,选择需要标注的点,然后选择中心线,再次选择标注点,移动鼠标到将要放置尺寸的位置单击鼠标中键,即得到图元对称标注。

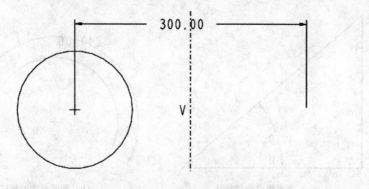

图 2-27 对称标准

2.4 草绘约束

草图绘制时,常遇到草绘约束的问题。例如,绘制直线时,单击确定起点,再移动鼠标拉出直线,如果确定的终点与起点在近似水平的位置上时,系统会自动使直线成为水平线,并在线旁显示"H"字样,表示该直线受到水平约束。

Creo 草绘可以自动判断约束条件,也可以手动设置。

2.4.1 自动判断约束

自动判断约束是指系统根据用户绘图意向,自动判断给定的约束条件。自动判断约束有较大的利弊,为扬长避短,Creo 系统提供了自动约束的设置、取消和锁定等操作。

1. 约束种类

"约束"对话框中包含九种几何约束,可以根据不同的需要单击相应的按钮,对几何图元进行约束。各约束的定义、标记及功能说明如表 2-1 所列。

表 2-1 约束的类型说明

约束名称	图标	标记	说明
竖直排列	┼竖直	V	使直线竖直或使顶点位于同一条竖直线上
水平排列	┼水平	H	使直线水平或使顶点位于同一条水平线上
平行	∥平行	∥	使两直线平行
垂直	⊥垂直	⊥	使两线垂直

约束名称	图 标	标 记	说 明
相等	= 相等	L 或 R	使两直线、两边线等长或使两圆弧等半径
重合	⊙ 重合	—⊙—	使两点重合或使点到线上
对称	⊹ 对称	>|<	使两点相对于中心对称
中点	↘ 中点	M	使点位于线的中点
相切	⅋ 相切	T	使直线、圆弧或样条线两两相切

2. 设置约束环境

系统自动约束给用户的操作带来不少的方便,但是有时也需要不进行自动判断约束,这时就需要对约束环境进行设置。

选择"文件"→"选项"菜单项,弹出"Creo Parametric 选项"对话框,选择对话框左侧的"草绘器"选项。在右侧的"草绘器约束假设"区域去除或添加项目前的复选框中的"√",即完成草绘约束捕捉的设置,如图 2 - 28 所示。

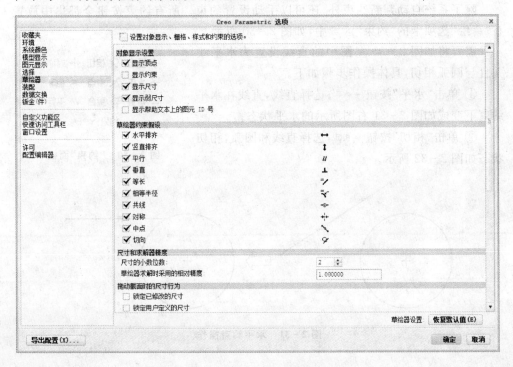

图 2 - 28　设置约束环境

3. 取消自动约束

绘图时有些约束的存在会与其他条件发生干扰，这时需要取消某些约束。如图 2-29 所示，绘制两圆时系统通常会自动判断两圆半径相等。当出现"R1"约束符号时，单击鼠标右键，符号变成了"R/"，即表示该约束已经取消。

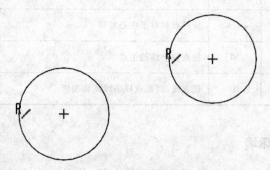

图 2-29 取消自动约束

2.4.2 手动设置约束

除了系统自动判断约束外，还可以手动设置约束。所有约束按钮全都集中放置在"草绘"选项卡的"约束"区域中，如图 2-30 所示。

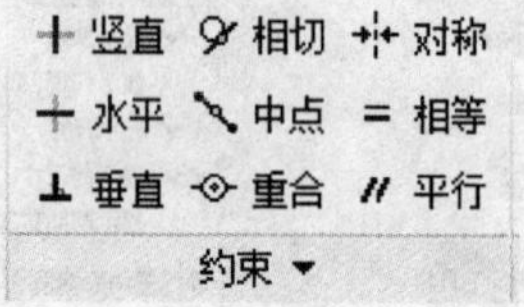

需要将如图 2-31 左图中的直线设置为水平线并且与圆弧相切，具体操作步骤如下。

① 单击"水平"按钮 ➕水平；选择直线，直线在水平约束下变成如图 2-31 右图所示的水平状态。

② 单击"相切"按钮 ❍相切，选择直线和圆弧，相切状态如图 2-32 所示。

➕ 竖直	❍ 相切	⫡ 对称
➕ 水平	⬨ 中点	= 相等
⊥ 垂直	⊙ 重合	∥ 平行
	约束 ▾	

图 2-30 "约束"面板

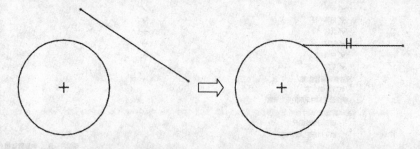

图 2-31 水平约束操作

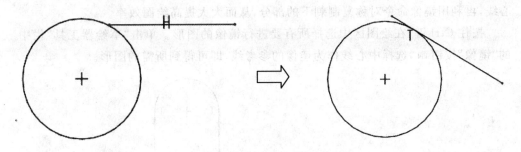

图 2 - 32　相切约束操作

2.5　草绘编辑

草图绘制完成后往往需要进行编辑,编辑命令包括裁剪、分割、镜像、缩放和旋转等。

2.5.1　裁剪和分割

在"草绘"选项卡的"编辑"区域中存在"分割" 分割、"删除段" 删除段、"拐角" 拐角 三个可以改变图元形态的编辑命令。这三个命令操作比较简单,如图 2 - 33 所示。

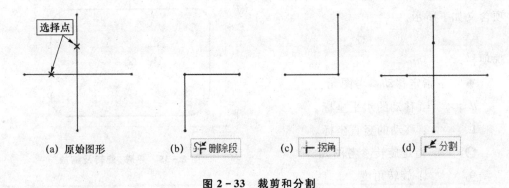

(a) 原始图形　　　(b) 删除段　　　(c) 拐角　　　(d) 分割

图 2 - 33　裁剪和分割

2.5.2　镜像、缩放并旋转

1. 镜　像

如图 2 - 34 所示的图形是关于中心线上下对称的,可以先绘制图形一部分及中心线，再利用镜像命令对称复制剩下的部分，从而大大提高绘图效率。

按住 Ctrl 键，在绘图区中选择所有要进行镜像的图形。单击"草绘器工具"栏中的"镜像"按钮，选择中心线作为镜像的参考线，即可得到所需的图形。

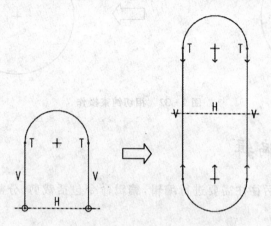

图 2-34 镜像对象

2. 平移、旋转及缩放

选取图元，单击"旋转调整大小"按钮，弹出"旋转调整大小"选项卡，制定图元移动或者旋转的基准，手动拖动图元或者在选项卡中输入旋转或平移参数，单击"完成"按钮即可，如图 2-35 所示。各选项含义如下所示。

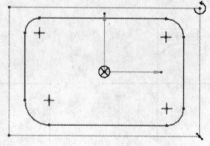

选项栏。

- ：指定移动参考图元。
- // 0.000000 ：移动的水平坐标。
- ⊥ 0.000000 ：移动的竖直坐标。
- ○ ：指定旋转参考图元。
- △ 0.000000 ：旋转角度。
- ◻ 1.000000 ：比例因子。

图 2-35 平移、旋转及缩放

2.5.3 草绘器诊断

Creo Parametric 具有专门的草绘检测工具——草绘器诊断工具，以检查是否为封闭截面、是否存在开放断点、是否存在重叠的几何图元等。草绘器诊断工具位于"草绘"选项卡的"检测"区域中，当按钮按下时，诊断相应的功能起作用。草绘器诊断工具的使用示例如图 2-36 所示。

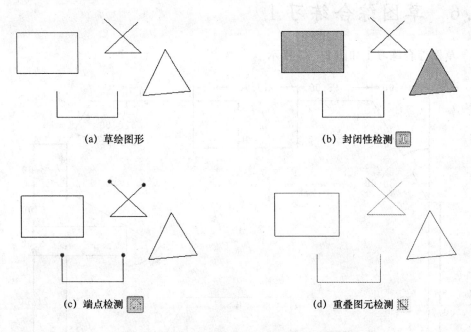

图 2-36　草绘器诊断工具的使用示例

2.5.4　草绘环境下鼠标的使用技巧

　　在草绘图形时,为了快速观察和绘制草图,应当掌握鼠标结合键盘的操作应用技巧,具体如表 2-2 所列。

表 2-2　鼠标的使用技巧

操作方式	功能说明
单击(按一下鼠标左键)	选取单个图元
Ctrl 键+鼠标左键	一次选取多个图元
按住鼠标左键并拖动鼠标	框选多个图元
右击(按一下鼠标右键)	打开右键快捷菜单
按一下鼠标中键	确认并结束操作
按住鼠标中键并拖动鼠标	在绘图区内任意旋转图元
Shift 键+鼠标中键	在绘图区任意平移图元
滚动鼠标中键滚轮	在绘图区任意缩放图元的显示

2.6 草图综合练习 1

草图综合练习 1 如图 2-37 所示。

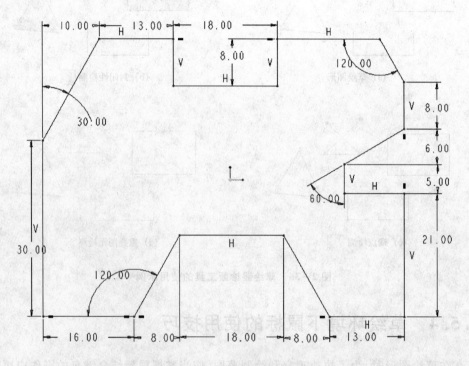

图 2-37 草图综合练习 1

2.6.1 案例分析

本案例是一个技巧性很强的图形,该图形主要通过多条直线连接而成,不存在对称结构。

2.6.2 操作步骤

① 单击"主页"选项卡中的"新建"按钮 □,或者选择"文件"→"新建"菜单项,弹出"新建"对话框,在"类型"中选择"零件",将文件名修改成"caohui_1",取消"使用默认模板"选项的选中状态,单击"确定"按钮。进入"新建文件选项"对话框,选择模板"mmns_part_solid",单击"确定"按钮,完成新建文件设置。

② 单击"模型"选项卡中"基准"区域的"草绘"按钮 ,弹出"草绘"对话框,选择

"FRONT"面作为草绘平面,单击"草绘"按钮或单击鼠标中键,进入草图工作界面。

③ 单击图形工具栏中的"草绘视图"按钮 ，让草绘平面与屏幕平行。

④ 单击"草绘"选项卡"草绘"区域中的"线链"按钮 ，绘制出图 2-38 所示的图形。

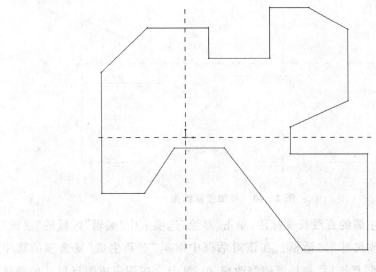

图 2-38 绘制草图

⑤ 单击"草绘"选项卡中"约束"区域的"水平"按钮 ，选中图形上方两条直线的端点,然后选中图形下方两条直线的端点,添加两个水平约束,如图 2-39 所示。

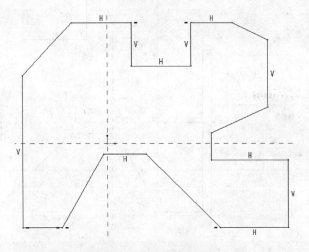

图 2-39 添加水平约束

⑥ 单击"草绘"选项卡中"约束"区域的"竖直"按钮 ，选中图形右侧的两条直线的端点,添加一个竖直约束,如图 2-40 所示。

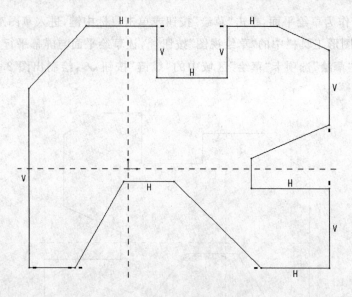

图 2-40　添加竖直约束

⑦ 选择图形左侧的直线长度标注,单击"草绘"选项卡中"编辑"区域的"修改"按钮 ⊋修改,弹出"修改尺寸"对话框。在该对话框中取消"重新生成"复选项的选中状态,选中"锁定比例"复选项,将长度值修改成 30,单击 ☑ 按钮完成图形尺寸的整体修改,如图 2-41 所示。

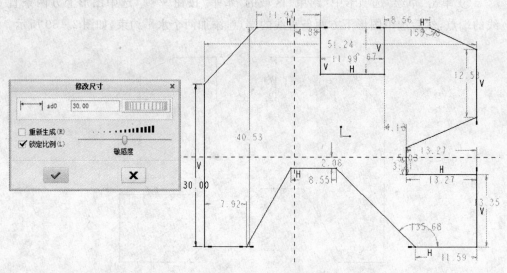

图 2-41　整体修改尺寸

⑧ 单击"草绘"选项卡"尺寸"区域中的"法向"按钮 ↦,按照图形的要求将没有标注的尺寸标注上,如图 2-42 所示。

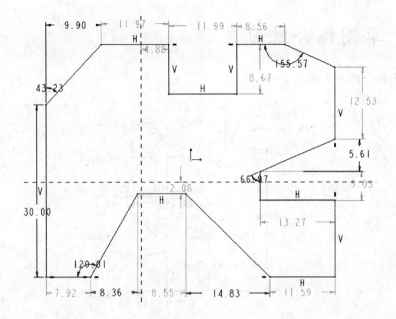

图 2 - 42 标注尺寸

⑨ 双击尺寸修改成要求的数值,从而完成截面尺寸的修改,如图 2 - 43 所示。单击"草绘"选项卡"关闭"区域中的"确定"按钮 ✔,完成草图的绘制。

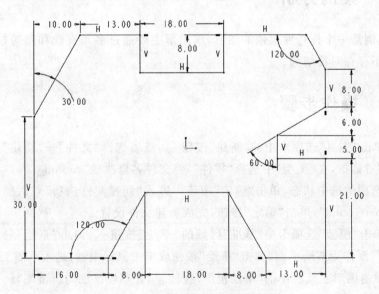

图 2 - 43 修改尺寸

⑩ 保存模型并关闭窗口,完成 caohui_1 的绘制。

2.7　草图综合练习 2

草图综合练习 2 如图 2-44 所示。

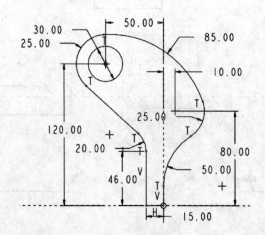

图 2-44　草图综合练习 2

2.7.1　案例分析

本案例是一个技巧性很强的图形,该图形主要通过多条直线和圆通过倒圆角连接而成,不存在对称结构。

2.7.2　操作步骤

①　单击"主页"选项卡中的"新建"按钮 ,或者选择"文件"→"新建"菜单项,弹出"新建"对话框,在"类型"中选择"零件",将文件名修改成"caohui_2",取消"使用默认模板"选项的选中状态,单击"确定"按钮。进入"新建文件选项"对话框,选择模板"mmns_part_solid",单击"确定"按钮,完成新建文件设置。

②　单击"模型"选项卡中"基准"区域的"草绘"按钮 ,弹出"草绘"对话框,选择"FRONT"面作为草绘平面,单击"草绘"按钮或单击鼠标中键,进入草图工作界面。

③　单击图形工具栏中的"草绘视图"按钮 ,让草绘平面与屏幕平行。

④　单击"草绘"选项卡中"草绘"区域的"圆"按钮 ,在两参照线的右上方任意一点处单击作为圆心,移动光标在适当的位置单击,从而完成圆的创建。双击尺寸,将圆的半径修改为 25,圆心到两参照线的距离分别设为 10 和 80,如图 2-45 所示。

⑤　单击"草绘"选项卡的"草绘"区域的"线链"按钮 ,绘制图 2-46 所示的折

线,并且修改尺寸。

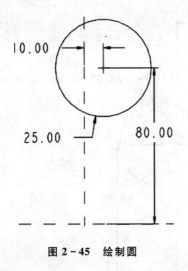

图 2-45 绘制圆

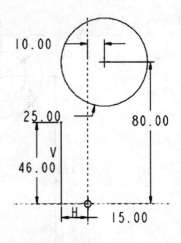

图 2-46 绘制直线

⑥ 单击"草绘"选项卡中"草绘"区域的"圆"按钮 ⊙圆,在两参照线的左上方任意一点处单击作为圆的圆心,在合适位置单击,完成圆的创建。捕捉该圆的圆心绘制一个同心圆,双击尺寸,修改圆的直径分别为 50 和 30,如图 2-47 所示。

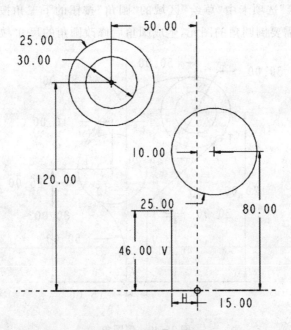

图 2-47 绘制同心圆

⑦ 单击"草绘"选项卡中"草绘"区域的"线链"按钮 ⋏,在长为 46 直线的终点单击作为直线的起始点,将光标移动到直径为 50 的圆上,当出现"T"相切约束符号时

单击作为直线的终点,如图 2-48 所示。

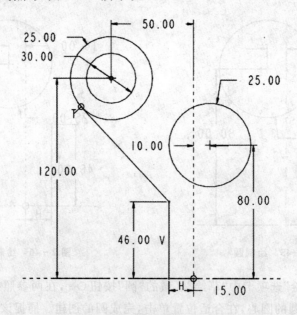

图 2-48 绘制圆的切线

⑧ 单击"草绘"选项卡中"草绘"区域的"圆角"按钮的下三角按钮,选择"圆形修剪"按钮 ,选择需要倒圆角的图元,生成圆角后修改圆角的尺寸,如图 2-49 所示。

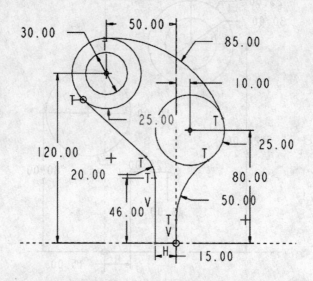

图 2-49 倒圆角

⑨ 单击"草绘"选项卡"编辑"区域中的"删除段"按钮 ,删除多余线段,如图 2-50 所示。单击"草绘"选项卡中"关闭"区域的"确定"按钮 ✔,完成草图的

绘制。

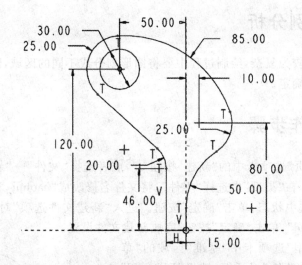

图 2-50 删除多余线段

⑩ 保存模型,并关闭窗口,完成 caohui_2 的绘制。

2.8 草图综合练习 3

草图综合练习 3 如图 5-51 所示。

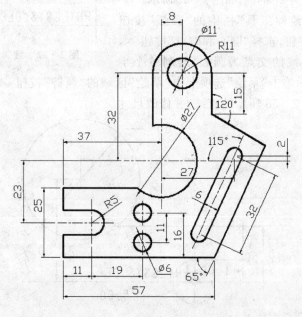

图 2-51 草图综合练习 3

2.8.1　案例分析

本案例图形较为复杂，绘制过程中要将图形划分成不同的区域，区域之间的位置主要通过中心线确定。

2.8.2　操作步骤

① 单击"主页"选项卡中的"新建"按钮 ⬚，或者选择"文件"→"新建"菜单项，弹出"新建"对话框，在"类型"中选择"零件"，将文件名修改成"caohui_3"，取消"使用默认模板"选项的选中状态，单击"确定"按钮。进入"新建文件选项"对话框，选择模板"mmns_part_solid"，单击"确定"按钮，完成新建文件设置。

② 单击"模型"选项卡中"基准"区域的"草绘"按钮，弹出"草绘"对话框，选择"FRONT"面作为草绘平面，单击"草绘"按钮或单击鼠标中键，进入草图工作界面。

③ 单击图形工具栏中的"草绘视图"按钮 ⬚，让草绘平面与屏幕平行。

④ 单击"草绘"选项卡"草绘"区域中的"圆"按钮 ○圈，绘制直径为 27 的圆，如图 2-52 所示。

⑤ 单击"草绘器工具"栏中的"圆弧"按钮 ⌒弧 的下三角按钮，选择"圆心和端点"按钮 ⌒，捕捉左下方中心线的交点为圆心，绘制一个半

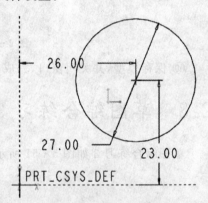

图 2-52　绘制中心线和圆

圆形的圆弧，然后单击"草绘"选项卡中"草绘"区域的"线链"按钮 ⌄，以半圆的端点为起点绘制如图 2-53 所示的直线，并修改尺寸。

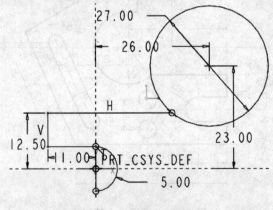

图 2-53　绘制圆弧和直线

⑥ 单击"中心线"按钮 [中心线▼]，过圆弧的圆心绘制一条水平中心线，选择第⑤步绘制的两条直线，单击"草绘"选项卡中"编辑"区域的"镜像"按钮 [镜像]，选择水平中心线，最后再绘制一条长 57 的水平直线，如图 2-54 所示。

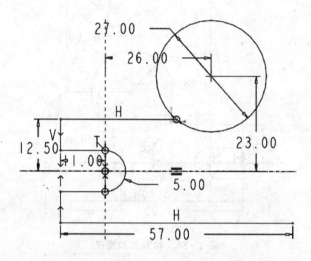

图 2-54　镜像曲线

⑦ 单击单击"圆"按钮 [圆]，绘制一个直径为 6 的圆，并且使用"镜像"命令复制该圆，如图 2-55 所示。

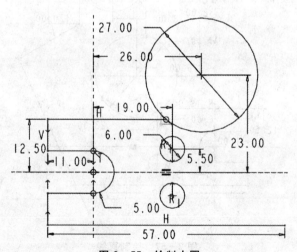

图 2-55　绘制小圆

⑧ 单击"圆"按钮 [圆]，在右上方绘制直径为 22 和 11 的同心圆，如图 2-56 所示。

⑨ 单击"草绘"选项卡中"草绘"区域的"线链"按钮 ，绘制图 2-57 所示的直线。

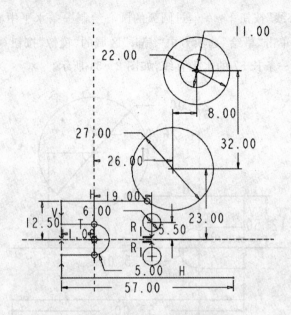

图 2－56　绘制圆和圆弧

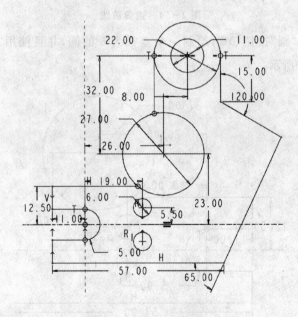

图 2－57　绘制直线

⑩ 单击"草绘"选项卡中"草绘"区域的"矩形"按钮 □矩形▾ 的下三角按钮，选择"斜矩形"按钮 ◇ ，绘制一个斜矩形，如图 2－58 所示。

⑪ 单击"圆"按钮 ○圆 ，在矩形的两侧绘制两个圆，如图 2－59 所示。

⑫ 单击"草绘"选项卡中"编辑"区域的"删除段"按钮 ♀删除段 ，删除多余线段，如

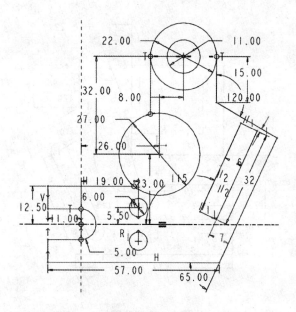

图 2-58 绘制斜矩形

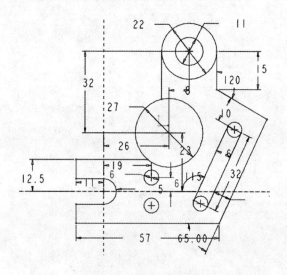

图 2-59 绘制圆

图 2-60 所示。单击"草绘"选项卡中"关闭"区域的"确定"按钮 ✔,完成草图的绘制。

⑬ 保存模型并关闭窗口,完成 caohui_3 的绘制。

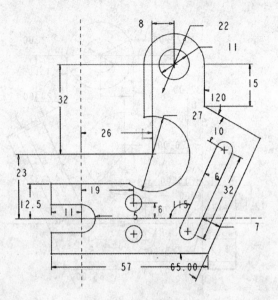

图 2 - 60 删除图元

第3章 实体零件设计

使用 Creo Parametric 进行三维实体零件设计是进行机械设计的基本方法。在实体的创建过程中,常常需要综合运用多种模型生成方法和基本技巧才能完成实体模型的创建工作。本章将通过几个典型的实例来介绍三维模型创建的基本方法和技巧。借助这些实例,读者可以进一步将草绘设计一章所学的知识融会贯通。

本章知识要点:

☆ 基于草绘创建的特征——包括拉伸特征、旋转特征、扫描特征、螺旋扫描特征、混合特征、扫描混合特征

☆ 基准特征——草绘特征、平面特征、轴特征、点特征、坐标系特征

☆ 修饰特征——孔特征、倒角特征、圆角特征、拔模特征、壳特征

☆ 装换特征——镜像特征、阵列特征

3.1 零件设计模块简介

零件设计模块是 Creo Parametric 软件中三维设计的主要模块,单击"主页"选项卡中的"新建"按钮 ,或者选择"文件"→"新建"菜单项,弹出"新建"对话框,在类型区域中选择"零件",在"名称"文本框中输入零件名称,取消"使用缺省模板"选项的选中状态,如图 3-1 所示。单击"确定"按钮,弹出"新文件选项"对话框,选择模板 mmns_part_solid,如图 3-2 所示,单击"确定"按钮进入零件设计模块,如图 3-3 所示。

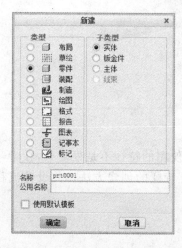

图 3-1 "新建"对话框

图 3-2 "新文件选项"对话框

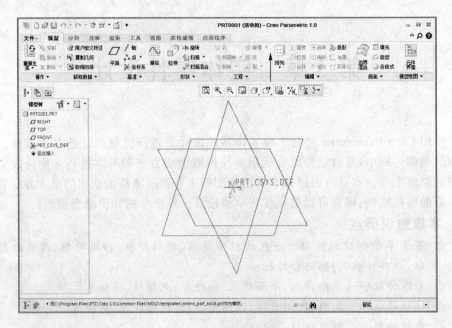

图 3-3　零件设计模块

3.2　零件设计案例 1：蜗杆

零件设计案例 1 蜗杆如图 3-4 所示。

图 3-4　蜗　杆

3.2.1　案例分析

蜗杆是一个典型的轴类零件，结构比较简单，使用的特征不是很复杂，在学习过程中要注意"拉伸"、"旋转"、"螺旋扫描"和"倒角"特征的创建方法。其设计流程如图 3-5 所示。

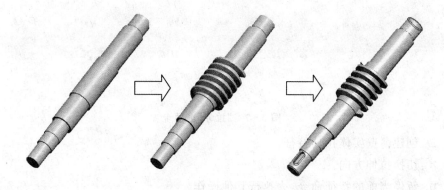

图 3 - 5　设计流程

3.2.2　知识点介绍:拉伸、旋转、螺旋扫描、倒角

"拉伸"和"旋转"是实体设计中最常用的特征,熟练掌握拉伸实体特征和旋转实体特征的创建技巧是综合运用各种设计方法进行三维建模的基础。

1. 拉　伸

将绘制的二维截面沿着该截面所在平面的法向拉伸指定深度生成的三维特征,称为拉伸特征。其中用拉伸特征得到伸出或移除材料的实体特征,称为实体拉伸特征,如图 3 - 6 所示。

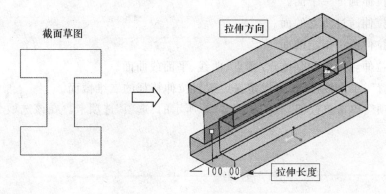

图 3 - 6　拉伸特征

单击"模型"选项卡中"形状"区域的"拉伸"按钮,弹出如图 3 - 7 所示的"拉伸"选项卡,其中各选项的含义如下。

:创建实体拉伸特征。

:创建曲面拉伸特征。

:从模型中移除材料。

63

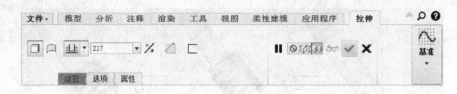

图 3-7 "拉伸"选项卡

⊏:创建薄壁实体拉伸特征。

⅍:切换拉伸方向。

∥:暂停当前的特征命令,去执行其他操作。

⑰:当创建的实体特征与已存在的实体特征相交时,通过单击该按钮可以预览到其不连接的情形。

⑰:当创建的实体特征与已存在的实体特征相交时,通过单击该按钮可以预览到相互连接的情形。

∞:预览生成的特征。

✓:确定当前特征的创建。

✕:取消当前特征的创建。

确定拉伸深度的图标选项含义如下。

⊥:用户给定的拉伸深度值,不能小于或等于 0。

⊟:按给定的拉伸深度值,沿草绘平面两侧对称拉伸。

⊜:拉伸到下一个面。

⊥:拉伸通过所有的面。

⊥:拉伸通过指定的面。

⊥:拉伸到指定的基准点/顶点、曲线、平面或曲面。

"放置":单击该按钮,可以定义或编辑拉伸特征的二维截面。

"选项":单击该按钮,显示如图 3-8 所示的"选项"选项卡。在该选项卡中:

图 3-8 "选项"选项卡

• "侧 1"、"侧 2":当为两侧拉伸时,可分别设定每一侧的拉伸深度以及方式。

- "封闭端"：当创建曲面拉伸特征且拉伸截面为封闭轮廓时，该选项才能激活，以确定曲面拉伸特征的端面是封闭的还是开放的。
- "添加锥度"：给拉伸特征添加一个拔模角度。

"属性"：单击该按钮，显示当前的特征名称及相关特征信息。

注意：在草绘实体拉伸截面时，应满足截面一定要封闭、截面线不能相交、截面不能有重线等要求。在草绘实体移除材料拉伸截面时，截面必须将被移除材料的实体分出区域。

创建实体拉伸特征的操作过程如下所述。

① 单击"模型"选项卡中"形状"区域的"拉伸"按钮 ，弹出"拉伸"选项卡。

② 单击"放置"选项卡中的"定义"按钮，弹出"草绘"对话框，在绘图区选取放置二维草图的平面，单击"草绘"按钮，进入草绘模块绘制草图，绘制完成后单击草图环境中的"完成"按钮 。

注意：在绘图区域中右击，在弹出的快捷菜单中选择"定义内部草绘"选项，同样可以弹出"草绘"对话框，来定义草绘平面。如果单击"拉伸"按钮后直接选择基准平面或者实体平面，系统将使用默认的方式直接进入草绘平面。

③ 在"拉伸"选项卡中的文本框输入拉伸高度，单击"确定"按钮 ，完成拉伸特征的创建。

2. 旋　转

将绘制的二维截面围绕着给定的轴线旋转指定的角度而生成的三维特征，称为旋转特征。其中用旋转特征生成或移除材料的实体特征，称为实体旋转特征，如图 3-9 所示。

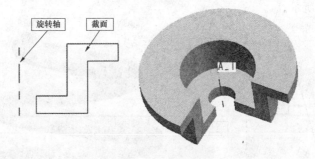

图 3-9　旋转特征

单击"模型"选项卡中"形状"区域的"旋转"按钮 ，弹出如图 3-10 所示的"旋转"选项卡，其中各选项含义如下所述。

：指定一个旋转角度。

：按指定的旋转角度，以草绘平面为分界向两侧对称旋转。

图 3-10　"旋转"选项卡

⤒:旋转到指定的点、曲线、平面。

注意:在创建旋转实体特征时,旋转轴可以选择草绘二维截面中的中心线,也可以选择模型中坐标系的轴或基准轴,但选中的旋转轴线和截面必须满足截面只能位于旋转轴线的一侧、截面一般要封闭、截面线不能相交、截面不能有重线等要求。

创建实体旋转特征的操作过程如下所述。

① 单击"模型"选项卡中"形状"区域的"旋转"按钮◈,弹出"旋转"选项卡。

② 单击"放置"按钮,在弹出的"放置"选项卡中单击"定义"按钮,弹出"草绘"对话框,在绘图区选取放置二维草图的平面,单击"草绘"按钮,进入草绘模块绘制草图,绘制截面以及旋转轴,完成后单击草图环境中的"确定"按钮✔。

注意:在草绘环境中的绘图区域右击,在弹出的快捷菜单中选择"旋转轴"选项,便可直接绘制。如果在草绘环境指定中心线为旋转轴,则需要右击中心线,在弹出的快捷菜单中选择"指定旋转轴"选项。

③ 在"旋转"选项卡的文本框中输入旋转角度,单击"确定"按钮✔,完成旋转特征的创建。

3. 螺旋扫描

螺旋扫描是用来创建螺旋状造型的指令,通常用于创建弹簧、螺纹等造型,螺旋扫描特征是一个特殊类型的扫描特征,特殊的地方在于其扫描轨迹是有规律的螺旋线,如图 3-11 所示。

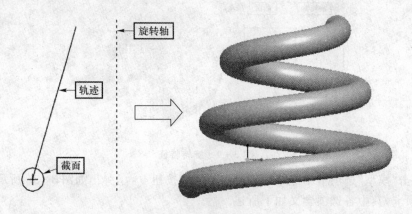

图 3-11　螺旋扫描特征

单击"模型"选项卡中"形状"区域的"扫描"按钮  的下三角按钮,选择"螺旋扫描"按钮 ,弹出"螺旋扫描"选项卡,如图 3 - 12 所示,其中各选项含义如下所述。

图 3 - 12　"螺旋扫描"选项卡

:当定义完螺旋扫描轮廓后该按钮将会被激活,单击该按钮将进入草绘环境绘制扫描截面。

:旋转时使用左手定则。

:旋转时使用右手定则。

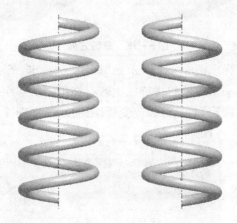

图 3 - 13　螺旋方向

单击"参考"按钮,弹出图 3 - 14 所示的"参考"选项卡。

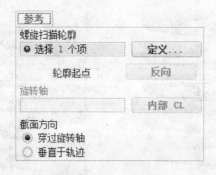

图 3 - 14　"参考"选项卡

- "螺旋扫描轮廓"区域用于定义扫描轨迹。
- "旋转轴"区域用于定义旋转轴,旋转轴的定义方法与"旋转"特征中的旋转轴定义基本一致,可以在定义"螺旋扫描轮廓"时在草绘环境中绘制,也可以在环境中选择已存在的基准轴以及坐标系中的坐标轴。
- "截面方向"区域用于定义扫描过程中截面的方向,如图 3-15 所示。

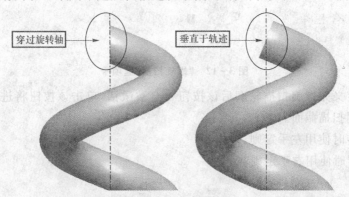

图 3-15　截面方向

单击"间距"按钮,弹出图 3-16 所示的"间距"选项卡。该选项卡主要是用来改变螺旋扫描的螺距,在一个螺旋扫描特征中若存在不同的螺距,那么单击"添加间距"按钮,便可添加不同的螺距,并且可以改变螺距的位置,如图 3-17 所示。

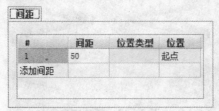

图 3-16　"间距"选项卡

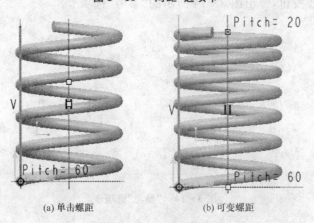

(a) 单击螺距　　　　(b) 可变螺距

图 3-17　添加螺距

单击"选项"按钮,弹出图 3-18 所示的"选项"选项卡。该选项卡可以设置扫描截面的属性,"保持恒定截面"选项在扫描过程中截面保持不变,如果选择"改变截面"选项,截面可以依据定义的关系来变化,如图 3-19 所示。

图 3-18　"选项"选项卡

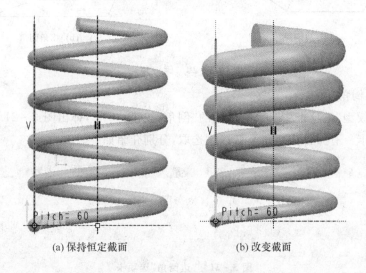

(a) 保持恒定截面　　　　　(b) 改变截面

图 3-19　设置截面属性

创建螺旋扫描特征的操作过程如下所述。

① 单击"模型"选项卡中"形状"区域的"扫描"按钮 扫描 的下三角按钮 ,选择"螺旋扫描"按钮 螺旋扫描,弹出"螺旋扫描"选项卡。

② 单击"螺旋扫描"选项卡中的"参考"按钮,单击"定义"按钮,选择 FRONT 基准平面,弹出"草绘"对话框,单击"草绘"按钮,进入草绘环境中绘制旋转轴以及轨迹线,绘制完成后单击草图环境中的"确定"按钮 。

③ 单击"螺旋扫描"选项卡中的"创建或者编辑草绘截面"按钮 ,绘制截面,绘制完成后单击草图环境中的"确定"按钮 。

④ 在"螺旋扫描"选项卡中输入螺距值,选择旋转规则,单击"确定"按钮 。

4. 倒　角

Creo Parametric 系统提供的倒角功能包括"边倒角"和"拐角倒角"两种。"边倒

69

角"是指在选定的边线上创建斜面,而"拐角倒角"是指在三条边线的交点处创建一个斜面,如图 3-20 所示。

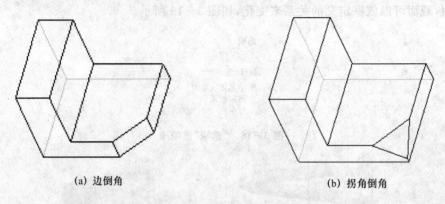

    (a) 边倒角   (b) 拐角倒角

图 3-20 倒 角

(1) 边倒角

单击"模型"选项卡中"工程"区域的"倒角"按钮 倒角▼ ,弹出图 3-21 所示的"边倒角"选项卡。有 4 种边倒角类型以供选取,分别介绍如下。

图 3-21 "边倒角"选项卡

① D×D:表示指定一个距离值 d,在距离所选边的尺寸都为 d 的两相接表面位置产生倒角,如图 3-22(a)所示。

② D1×D2:表示指定两个距离值 d1、d2,在选取边的两相接表面上产生不等尺寸的倒角。如图 3-22(b)所示,可单击 ╱ 按钮切换 d1 和 d2 在两相接表面的尺寸分配。

③ Angle×D:表示指定一个距离值 d、倒角斜面与某相接面(参照面)的夹角角度来产生倒角,如图 3-22(c)所示。系统内定在参照面上测得的倒角距离为 d,可单击 ╱ 按钮来切换参照面的设定。

④ 45×D:表示指定一个距离值 d 以产生一个 45°的倒角,该项仅适于两个相互垂直的平面间产生倒角,如图 3-22(d)所示。

(2) 拐角倒角

单击"模型"选项卡中"工程"区域的"倒角"按钮 倒角▼ 的下三角按钮,选择"拐角倒角"按钮 拐角倒角 ,弹出"拐角倒角"选项卡,如图 3-23 所示,选择一个顶点,在 D1、D2、D3 文本框中输入距离即可。

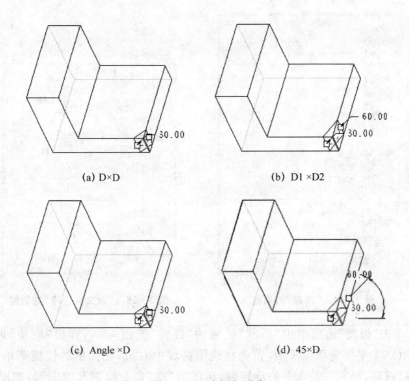

(a) D×D　　　　　　　　　　(b) D1 ×D2

(c) Angle ×D　　　　　　　　(d) 45×D

图 3 - 22　边倒角形式

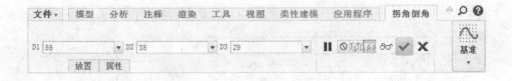

图 3 - 23　"拐角倒角"选项卡

3.2.3　操作步骤

蜗杆设计的操作步骤如下所述。

① 单击"主页"选项卡中的"新建"按钮 🗋，或者选择"文件"→"新建"菜单项，弹出"新建"对话框，在"类型"中选择"零件"，将文件名修改成"wogan"，取消"使用默认模板"选项的选中状态，单击"确定"按钮。进入"新文件选项"对话框，选择模板"mmns_part_solid"，单击"确定"按钮，完成新建文件设置。设置如图 3 - 24 和图 3 - 25 所示。

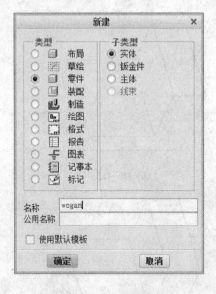

图 3-24 "新建"对话框 　　　　　　图 3-25 "新文件选项"对话框

② 单击"模型"选项卡中"形状"区域的"旋转"按钮 ⚙旋转，弹出"旋转"选项卡。选择 FRONT 平面为草绘平面，首先在绘图区域中右击，在弹出的快捷菜单中选择"旋转轴"选项，绘制一条水平的旋转轴，再使用"线"命令绘制其他图形，如图 3-26 所示。最后单击草图环境中的"确定"按钮 ✔，返回"旋转"选项卡单击"确定"按钮 ✔，结果如图 3-27 所示。

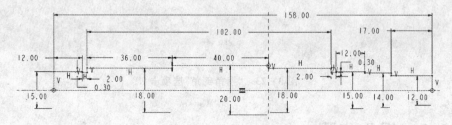

图 3-26 旋转草图

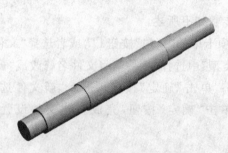

图 3-27 创建"旋转"特征

③ 单击"模型"选项卡中"形状"区域的"扫描"按钮 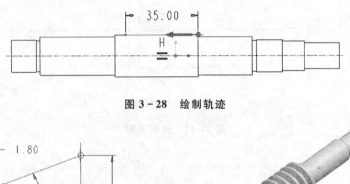 的下三角的按钮,选择"螺旋扫描"按钮 ,弹出"螺旋扫描"选项卡,单击"参考"按钮,弹出"参考"选项卡。单击"定义"按钮选择 RIGHT 平面,进入草图环境绘制如图 3-28 所示的草图为轨迹,注意还有一条水平的旋转轴。单击"草绘"选项卡中的"完成"按钮,在"螺旋扫描"选项卡文本框中输入螺距值 6,单击"创建或者编辑草绘截面"按钮,绘制如图 3-29 所示的截面图形,单击"草绘"选项卡中的"确定"按钮,单击"螺旋扫描"选项卡中的"确定"按钮,结果如图 3-30 所示。

图 3-28　绘制轨迹

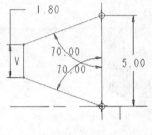

图 3-29　截面草图

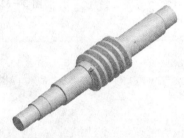

图 3-30　创建"螺旋扫描"特征

④ 单击"模型"选项卡中"基准"区域的"平面"按钮,弹出"基准平面"对话框,选择 RIGHT 平面,选择平面创建类型为"偏移",在"平移"文本框中输入偏移距离 3.5,单击"确定"按钮。

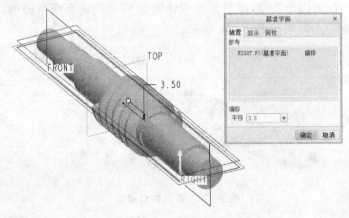

图 3-31　创建基准平面

⑤ 单击"模型"选项卡中"形状"区域的"拉伸"按钮 🗗，弹出"拉伸"选项卡，单击"移除材料"按钮 🗹，选择新创建的平面 DTM1，绘制如图 3-32 所示的草绘图形，单击"草绘"选项卡中的"确定"按钮 ☑，单击"拉伸"选项卡中的"确定"按钮 ☑，结果如图 3-33 所示。

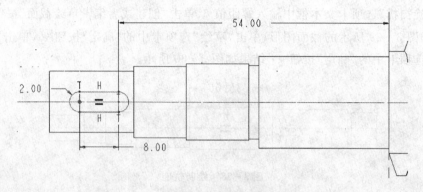

图 3-32　绘制草图

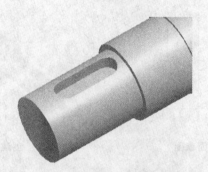

图 3-33　创建"拉伸"特征

⑥ 单击"模型"选项卡中"工程"区域的"倒角"按钮 ❯倒角 ▾，弹出"边倒角"选项卡。选择 45×D 的倒角类型，在 D 文本框输入 0.8，选择需要倒角的边，在选项卡中单击"完成"按钮 ☑，结果如图 3-34 所示。

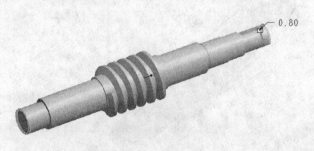

图 3-34　添加倒角特征

⑦ 单击快速访问工具栏中的"保存"按钮 📄 保存零件。

3.3 零件设计案例 2：壳体类零件

零件设计案例 2 壳体类零件如图 3 - 35 所示。

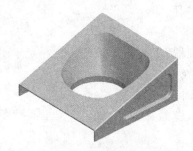

图 3 - 35 壳体类零件

3.3.1 案例分析

该零件是一个壳体类零件，该案例中关键环节是使用混合特征创建中间的孔，其设计流程如图 3 - 36 所示。

图 3 - 36 设计流程

3.3.2 知识点介绍：混合、抽壳、圆角、镜像

本节知识点不是很难，除了混合特征的操作方法略微复杂，抽壳、圆角、镜像命令都是比较简单的。

1. 混 合

混合特征是将多个不同截面按照关系链接而形成的实体，其中用混合特征生成或移除材料的实体特征，称为实体混合特征。

选择"形状"下的"混合"选项，出现如图 3 - 37 所示的菜单，可选取创建混合特征的类型。

- "伸出项":伸出实体特征。
- "薄板伸出项":伸出薄壁实体特征。
- "切口":移除材料实体特征。
- "薄板切口":移除材料薄壁实体特征。
- "曲面":创建曲面特征。

选择"混合"→"伸出项"菜单项,弹出菜单管理器。在"菜单管理器"下有三个控制属性,分别是"混合属性(平行、旋转、一般)""截面属性(规则截面、投影截面)""截面获取方式(选择截面、草绘截面)",如图3-38所示。

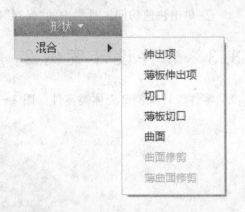

图 3-37 "混合"级联菜单

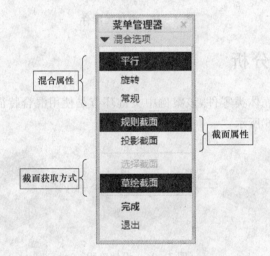

图 3-38 菜单管理器

(1)混合属性

该区域用于定义混合类型。

"平行":所有的混合截面在相互平行的多个平行面上。

"旋转":混合截面绕 Y 轴旋转,最大角度可达 120°。每个混合截面都需要单独草绘,平用截面坐标系对齐。

"一般":一般混合截面可以绕 X、Y、Z 轴旋转或平移。每个混合截面都需要单独草绘,平用截面坐标系对齐。

(2)截面属性

该区域用于定义混合特征截面的类型。

"规则截面":以绘制的截面或选取特征的表面为混合截面。

"投影截面":特征截面使用选定曲面上的截面投影。该命令只用于平行混合。

(3) 截面获取方式

该区域用于定义截面的来源。

"选择截面":选取截面为混合截面。该选项对平行混合无效。

"草绘截面":草绘截面图元。

注意:在创建混合特征时,各混合截面中图元的数量要相同。当截面的边数不相同时,可以使用草绘模块中的"分割"命令将图元打断。

创建混合特征的操作过程如下所述。

① 选择"混合"→"伸出项"选项,在弹出"菜单管理器"中选择"平行"→"规则截面"→"草绘截面"→"完成"选项。弹出如图 3 - 39 所示的"菜单管理器",该"菜单管理器"中显示了截面间的过渡属性。

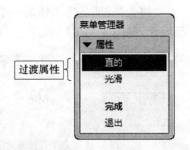

图 3 - 39 菜单管理器

- "直的":用直线段连接不同的截面的顶点,截面的边用平面连接,如图 3 - 40(a)所示。

- "光滑":用光滑曲线连接不同截面的顶点,截面的边用曲面光滑连接,如图 3 - 40(b)所示。

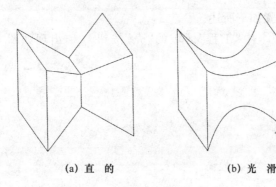

(a) 直 的   (b) 光 滑

图 3 - 40 过渡属性

② 在菜单管理器中选择"光滑"→"完成"→"设置平面"→"平面"选项,选取草绘平面,在菜单管理器中选择"正向"→"缺省"选项,进入草绘环境。

③ 在草绘环境中绘制混合截面,切换截面需要鼠标右击,在弹出的快捷菜单中选择"切换剖面"选项,或者选择"草图"→"特征工具"→"切换截面"菜单项。

注意:

(1) 即使是隐藏线的剖面也可以进行尺寸标注,不需切换到该剖面作业。

(2) 每个剖面的图元数量必须相等,较少者可以利用"分割"命令来切断线段,或者在顶点上右击,在弹出的快捷菜单中选择"混合顶点"选项来添加顶点添加图元。

(3) 每个剖面绘制的起始点是用来作各剖面相连时顺序的对应参考,所以当某一剖面的起始点与其他剖面不同时,产生的实体将会扭曲,这时可以利用"草图"→"特征工具"→"起始点"命令或利用右键快捷菜单定出新的起始点。

④ 截面绘制完成后单击"草绘"选项卡中的"确定"按钮 ✓。

⑤ 在"菜单管理器"中选择"盲孔"→"完成"选项。

⑥ 按系统提示,在信息区文本栏中输入各截面间的距离。

⑦ 单击"伸出顶"对话框中的"确定"按钮,完成混合特征的创建。

2. 抽 壳

"抽壳"特征是将实体的一个或几个表面除去,然后掏空实体的内部,留下一定壁厚的壳,如图 3 – 41 所示。

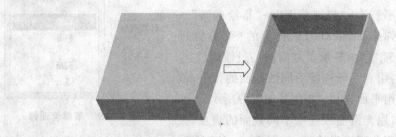

图 3 – 41 抽壳特征

创建抽壳特征的步骤如下所述。

① 单击"模型"选项卡中"工程"区域的"壳"按钮 回壳,出现如图 3 – 42 所示的"壳"选项卡。

图 3 – 42 "壳"选项卡

② 单击"参照"按钮,出现如图 3 – 43 所示的"参考"选项卡。选取要去除的实体表面(一个或多个),若要选取多个表面时,按下 Ctrl 键,所选取的表面将会显示在选项卡的"移除曲面"栏中。

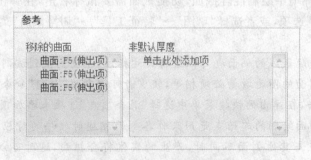

图 3 – 43 "参考"选项特征操控板

③ 在"壳"选项卡中"厚度"文本框中指定薄壁的厚度。若为正值,表示以外壳为准在实体内部抽空余下指定的厚度;若为负值,表示以外壳为准在实体外部加上指定的厚度。

④ 若实体模型中有厚度不等的外壳面,可单击"参照"选项卡的"非缺省厚度"栏选取模型中某实体表面作为厚度不等面,并输入新的厚度值。

⑤ 单击"确定"按钮 ☑,完成特征的创建。如图 3-44 所示。

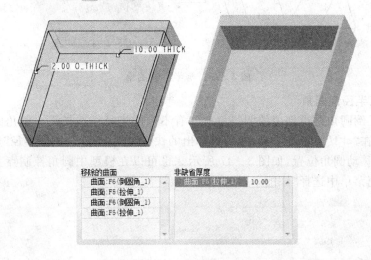

图 3-44 抽壳操作及结果

3. 圆 角

圆角是工程设计、制造中不可缺少的一个环节,有着极其重要的作用。光滑过渡的外观使产品更加精美,同时满足工艺结构的需要,几何边缘的光滑过渡对产品机械结构性能也非常重要。

单击"模型"选项卡中"工程"区域的"倒圆角"按钮 ⌐倒圆角▾,出现如图 3-45 所示的"倒圆角"选项卡。

图 3-45 "倒圆角"选项卡

根据倒圆角参照的不同,可产生 4 种不同的倒圆角类型,分别介绍如下。

(1) 等半径倒圆角

等半径倒圆角是指创建的倒圆角半径值为一个常数。按住 Ctrl 键依次选取需要倒角的边作为倒圆角参照,在"倒圆角"选项卡文本框中输入半径,单击"单击"按钮 ☑。

等半径倒圆角如图 3 - 46 所示。

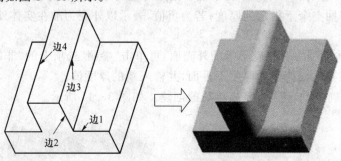

图 3 - 46　等半径倒圆角

(2) 变半径倒圆角

变半径倒圆角是指创建的倒圆角允许有不等的半径。选择需要倒角的边,单击 "集"按钮,在"♯1"半径处右击,然后在弹出的快捷菜单中选取"添加半径"选项,修改 圆角半径、移动圆角位置,如图 3 - 47 所示。也可以在模型中圆角控制点上右击,在 弹出的快捷菜单中选择"添加半径"选项。

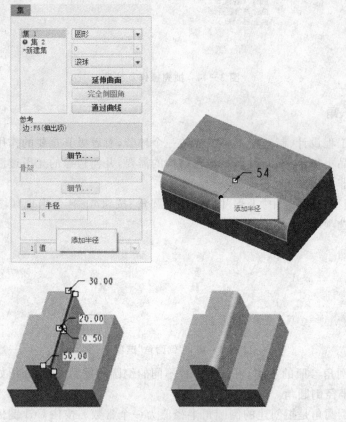

图 3 - 47　变半径倒圆角

（3）完全倒圆角

完全倒圆角是指选取两个平行的平面或两条平行的倒圆角边自动产生完全倒圆角，半径值为两平行对象间距离的一半，单击"集"按钮，单击"完全倒圆角"按钮，如图 3-48 所示。

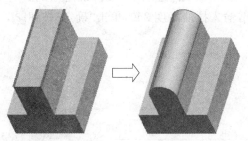

图 3-48　完全倒圆角

（4）通过曲线倒圆角

单击"集"按钮，在其选项卡中单击"通过曲线"按钮，选取倒圆角要通过的曲线为"驱动曲线"，选择生成圆角的两个面，如图 3-49 所示。

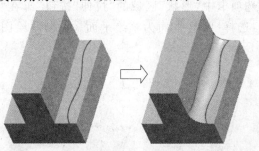

图 3-49　通过曲线倒圆角

4. 镜　像

镜像命令就是将源特征对一个平面进行镜像复制，从而得到源特征的副本。"镜像"命令操作比较简单，在特征树中选择需要复制的特征，单击"模型"选项卡中"编辑"区域的"镜像"按钮 镜像，弹出"镜像"选项卡，选择镜像平面，单击"确定"按钮 即可，如图 3-50 所示。

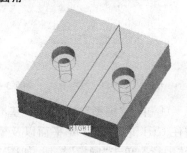

图 3-50　"镜像"特征

3.3.3　操作步骤

① 单击"主页"选项卡中的"新建"按钮 ，或者选择"文件"→"新建"菜单项，弹出"新建"对话框，在"类型"中选择"零件"，将文件名修改成"keti"，取消"使用默认模

81

板"选项的选中状态,单击"确定"按钮。进入"新建文件选项"对话框,选择模板"mmns_part_solid",单击"确定"按钮,完成新建文件设置。

② 单击"模型"选项卡中"形状"区域的"拉伸"按钮 ，选择平面 FRONT 为草绘平面。绘制草绘图形,单击"草绘"选项卡中的"确定"按钮 ，在"拉伸"选项卡中选择"对称"拉伸方式 ，输入拉伸高度 250,单击"确定"按钮 ，结果如图 3-51 所示。

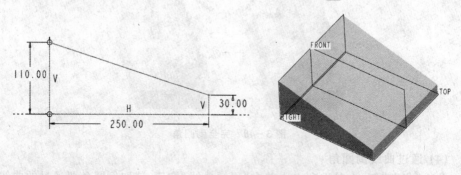

图 3-51 创建拉伸特征

③ 单击"模型"选项卡中"形状"区域的"拉伸"按钮 ，在"拉伸"选项卡中单击"移除材料"按钮 ，选择 TOP 平面为草绘平面。绘制草绘图形,单击"完成"按钮 ，结果如图 3-52 所示。

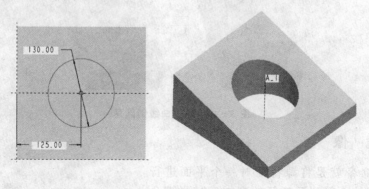

图 3-52 创建拉伸除料特征

④ 单击"模型"选项卡中"基准"区域的"平面"按钮 ，弹出"基准平面"对话框,按住 Ctrl 键选择 TOP 平面以及模型上方的棱边,在对话框中的 TOP 下拉列表中选择"平行",单击"确定"按钮,如图 3-53 所示。

⑤ 选择"模型"选项卡中"形状"→"混合"→"切口"选项,弹出"菜单管理器",选择"平行"→"规则截面"→"完成"→"直的"→"完成"选项,选择第④步创建的平面绘制草图,单击"菜单管理器"中的"确定"→"默认"选项,进入草绘环境绘制第一个截面草图,如图 3-54(a)所示。绘制完成后在绘图区域中右击,在弹出的快捷菜单中选择"切换截面"选项,绘制第二个截面,该截面图形为一个圆,注意需要把圆形打断为四个图元,第一个截面的起始点和第二个截面的起始点要对应,如图 3-54(b)所示。

单击"草图"选项卡中的"确定"按钮✅，在弹出"菜单管理器"中选择"确定"→"盲孔"→"完成"选项，输入截面深度 95，单击"切割：混合、平行、规则截面"对话框中的"确定"按钮，结果如图 3-54(c)所示。

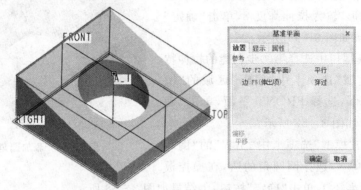

图 3-53　创建基准平面

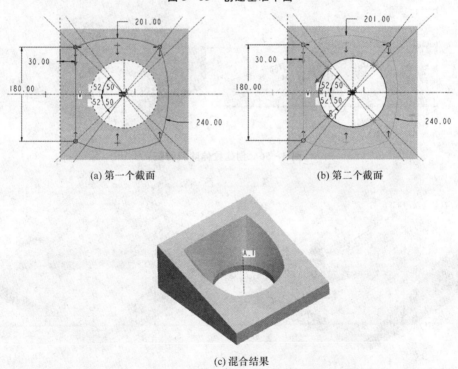

(a) 第一个截面　　　　　　　　　　　(b) 第二个截面

(c) 混合结果

图 3-54　创建混合特征

⑥ 单击"模型"选项卡中"工程"区域的"倒圆角"按钮⬙ 倒圆角 ▾，选择需要倒圆角的边，在圆角控制点上右击，在弹出的快捷菜单中选择"添加半径"选项，增加圆角半径控制点，输入各个控制点的圆角半径，如图 3-55 所示。

⑦ 单击"模型"选项卡中"形状"区域的"拉伸"按钮⬚，在"拉伸"选项卡中单击"移除材料"按钮⬚，选择实体的侧面为草绘平面，绘制草绘图形，输入拉伸高度 8，单击"确定"按钮✓，结果如图 3-56 所示。

⑧ 在模型树中选择第⑦步创建的拉伸特征，单击"模型"选项卡中"编辑"区域的"镜像"按钮⬚镜像，选择 FRONT 平面，单击"确定"按钮✓，如图 3-57 所示。

⑨ 单击"模型"选项卡中"工程"的"倒圆角"按钮⬚倒圆角▾，选择倒圆角的边，在操控板中输入圆角半径 3，单击"确定"按钮✓，结果如图 3-58 所示。

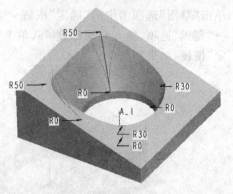

图 3-55　添加圆角

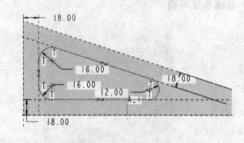

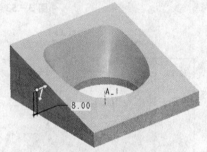

图 3-56　创建拉伸除料特征

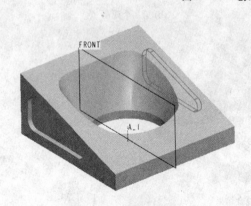

图 3-57　镜像复制特征

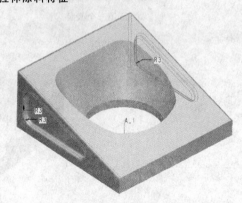

图 3-58　创建圆角特征

⑩ 单击"模型"选项卡中"工程"的"壳"按钮⬚壳，按住 Ctrl 键，选择需要移除的表面，在"壳"选项中输入厚度值 3，单击"确定"按钮✓，如图 3-59 所示。

⑪ 单击快速访问工具栏中的"保存"按钮⬚保存零件。

图 3-59　添加抽壳特征

3.4　零件设计案例 3：机械零件

零件设计案例 3 机械零件如图 3-60 所示。

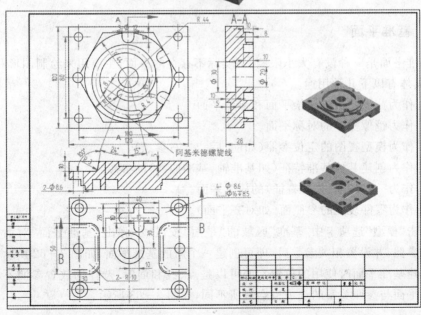

图 3-60　机械设计零件

3.4.1 案例分析

该案例机构比较复杂,使用的命令比较多,综合性比较强,创建过程中将使用大量基准特征辅助建模。其设计流程如图 3-61 所示。

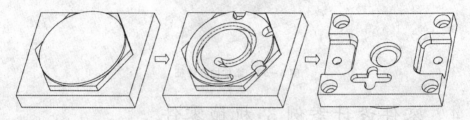

图 3-61 创建流程

3.4.2 知识点介绍:基准特征、阵列、孔、拔模

基准特征是零件建模的参照特征,其主要用途是辅助实体特征的创建。在生成实体特征时,往往需要一个或多个基准特征来确定具体位置。基准特征属虚拟特征,对模型外形无直接的影响,但可使建模更顺利、更灵活。

基准特征有五种:基准平面、基准轴、基准点、基准曲线和基准坐标系。对每个基准特征,系统会自动定义其名称。基准特征创建过程实质上就是定位基准特征的过程。

1. 基准平面

基准平面是一种没有大小限制、但实际不存在的平面,主要用来绘制图形和放置特征,具体有以下几种用途。

- 作为截面图形的草绘平面和参照平面。
- 作为镜像操作的对称平面。
- 作为模型视图的定位参照(如前、后、左、右参照)。
- 作为创建其他基准特征(如基准轴、基准曲线)的参照。
- 作为一些特征(如孔特征)的放置平面。
- 作为零件装配的参照面(如对齐平面)。

单击"模型"选项卡中"基准"区域的"平面"按钮 □,弹出"基准平面"对话框,选取放置参照,并设置相关参数后,即可创建一个新的基准平面,如图 3-62 所示。

创建基准平面时使用的放置参照可以是点、线和面等,选择的放置参照不同,定义基准平面与参照关系的选项也会有所不同,如图 3-63 所示。

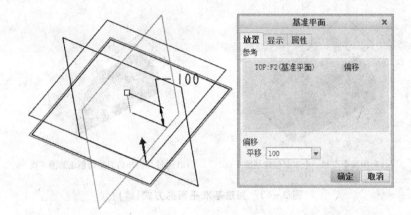

图 3-62　创建基准平面

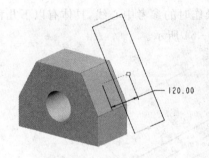

(a) 偏移某个平面创建基准平面

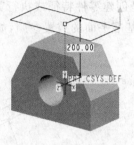

(b) 偏移坐标系创建基准平面

(c) 通过三个点创建基准平面

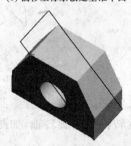

(d) 通过一条直线和一个点创建基准平面

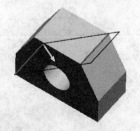

(e) 通过两条直线创建基准平面

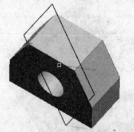

(f) 利用一个点和一个平面创建基准平面

图 3-63　创建基准平面的方式

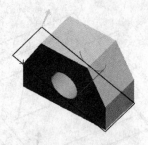

(g) 利用两个点和一个平面创建基准平面　　　(h) 通过与圆柱曲面相切创建基准平面

图 3-63　创建基准平面的方式(续)

2. 基准轴

基准轴是创建零件特征或执行其他操作时的参考中心线,具体有以下几种用途。

① 作为基准平面的放置参照,如图 3-64 所示。

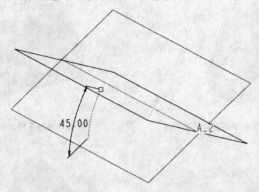

图 3-64　用来放置基准平面

② 作为孔特征的同轴放/置参照,如图 3-65 所示。

③ 作为旋转特征的旋转轴,如图 3-66 所示。

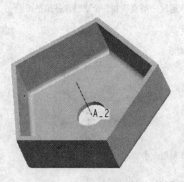

图 3-65　用来放置孔　　　　　　　　**图 3-66　作为旋转轴**

④ 创建轴阵列时作为中心轴,如图 3-67 所示。

⑤ 旋转复制特征时作为中心轴,如图 3-68 所示。

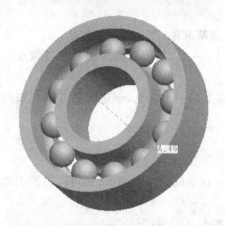

图 3-67　作为阵列的中心轴

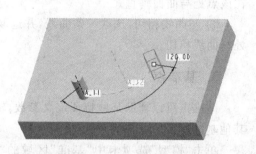

图 3-68　旋转复制特征

⑥ 装配零件时作为对齐参照,如图 3-69 所示。

单击"模型"选项卡中"基准"区域的"轴"按钮 ⁄轴,打开"基准轴"对话框,如图 3-70 所示,然后选取放置参照和偏移参照(非必选项),等基准轴完全被约束时,单击"确定"按钮即可创建一个基准轴。根据所选参照的不同,可将创建基准轴的方法分为以下几种。

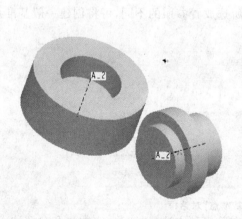

图 3-69　装配参照

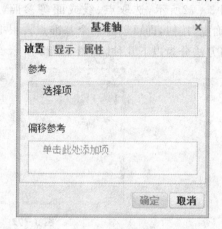

图 3-70　"基准轴"对话框

① 通过边:创建的基准轴通过模型的某条直边。

② 通过两点:创建的基准轴通过两个顶点或基准点。

③ 通过一点与平面垂直:创建的基准轴通过一个顶点或基准点,并且垂直于模型的某个表面或基准平面。

④ 垂直于平面:选取一个平面,创建一个与其垂直的基准轴。创建时,必须选取

两个偏移参照(平面或直线等),以确定基准轴的位置。

⑤ 使用两个相交平面:在两个平面(已经相交或延伸后能相交)的相交处创建一个基准轴。

⑥ 穿过圆柱面:在圆柱面的中心处创建一条基准轴。

⑦ 穿过曲面点:选取一个曲面,并选取曲面上一点,新创建的基准轴穿过该点并在该点处与曲面垂直。

⑧ 与曲线相切:选取一条曲线,并选取曲线上的一个端点,创建的基准轴在该点处与曲线相切。

3. 基准点

基准点可以辅助某些特征定义参数,辅助创建空间曲线和曲面,还可以辅助创建其他基准特征等。

单击"模型"选项卡中"基准"区域的"点"按钮 的下三角按钮,将展开点的 3 种创建命令,如图 3 - 71 所示。另外,除了这 3 种方法外,在草绘环境中创建点,可以创建草绘基准点。

图 3 - 71 基准点

(1)"点"选项

：在模型的图元上、图元相交处或者自某个图元偏移创建基准点。单击"点"按钮 ，打开"基准点"对话框,如图 3 - 72 所示,选取点、线或面等参照,并设置相关参数,单击"确定"按钮,即可创建一个基准点。根据所选放置参照的不同,可将创建一般基准点的方法分为以下几种,如图 3 - 73 所示。

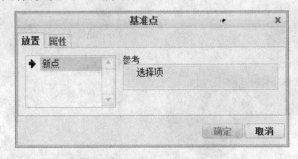

图 3 - 72 "基准点"对话框

当在线上或者边上创建基准点时,存在着三种方法:比率法、实数法和参照法。

① 比率法:根据新建的基准点到线段的某个端点的长度与线段总长的比值来确定基准点的位置,如图 3 - 74 所示。

② 实数法:根据新的基准点到线段的某一个端点的实际长度来确定基准点的位置。将图 3 - 74 中的"比率"选项改为"实数"即可。

③ 参照法:新建的基准点还是落在线段上,但会与选定的参照有特定的偏移距离,如图 3 - 75 所示。

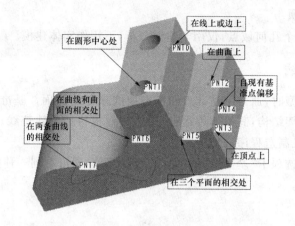

图 3-73　创建基准点

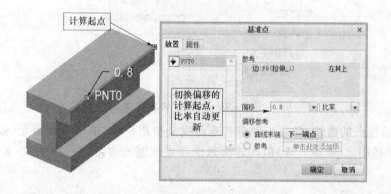

图 3-74　比率法

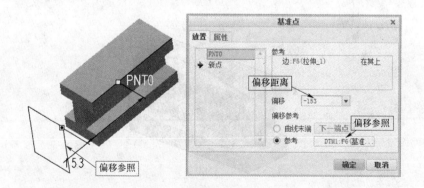

图 3-75　参照法

(2)"偏移坐标系"选项

偏移坐标系：通过偏移选定的坐标系来创建基准点。

(3)"域"选项

域:创建一个几何域点,仅用于建模分析,不用作实体建模。

4. 基准曲线

创建复杂模型时,通常用基准点和基准曲线来创建曲面。基准曲线主要用于形成几何模型的线架结构,其具体用途有:①作为扫描特征的轨迹线;②作为边界曲面的边界线;③定义制造程序的切削路径。

单击"模型"选项卡"基准"中的"曲线"级联菜单,即可看到三种曲线的创建方式,如图 3-76 所示。

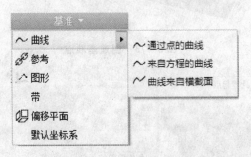

图 3-76 "曲线"级联菜单

① 通过点的曲线:经过点创建基准曲线是指用样条、单一半径图元(弧或直线)或多重半径图元(弧或直线)依次连接数个顶点或基准点形成一条曲线,如图 3-77 所示。

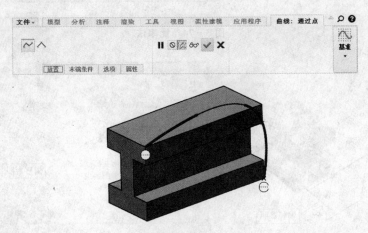

图 3-77 经过点

② 曲线来自横截面:利用剖截面与零件模型的相交边界来创建基准曲线,在创建时,系统将提供模型中所有可用的截面名称列表,选取一个截面,系统将自动生成基准曲线,如图 3-78 所示。

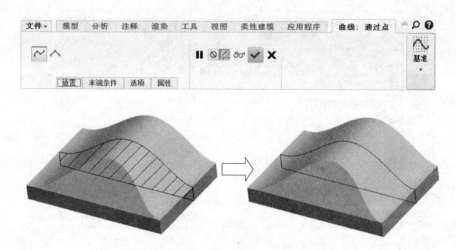

图 3 - 78　使用剖截面

③ 来自方程的曲线：只要曲线不自交，就可以通过"从方程"选项由方程创建基准曲线。创建这类曲线时，需先选择参照坐标系，再选择坐标类型（包括笛卡尔坐标系、圆柱坐标系或球坐标系），如图 3 - 79 所示，然后在记事本中输入数学方程。

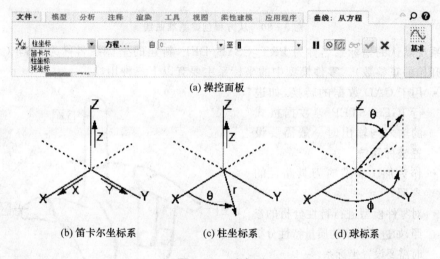

(a) 操控面板

(b) 笛卡尔坐标系　　　(c) 柱坐标系　　　(d) 球标系

图 3 - 79　坐标系

在"曲线：从方程"选项卡中选择"笛卡尔"坐标系，单击"方程"按钮，在弹出的"方程"对话框中输入方程，单击"确定"按钮，选择坐标系，单击"确定"按钮，如图 3 - 80 所示。

5. 基准坐标系

创建 3D 模型时，特征定位均采用相对放置尺寸，基本上不用到坐标系，若需标注坐标原点以供其他软件系统使用或方便特征创建时，需在模型上创建基准坐标系。

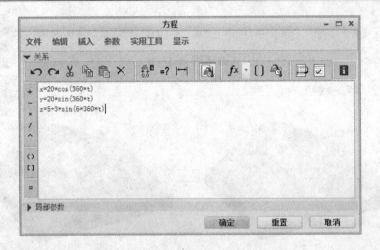

图 3-80 从方程创建基准曲线

系统默认的坐标系名称为 PRT_CSYS_DEF,新建的坐标系名称为 CS♯(♯ 为从 0 开始的正整数)。零件模型中的坐标系主要有以下三种用途。

- 用于 CAD 数据的转换,如进行 IGES、STEP 等数据格式的输入与输出时一般需要设置坐标系。

- 作为加工制造时刀具路径的参照。

- 对零件模型进行特性分析的参照,如进行模型的质量特性分析时需要设置坐标系。

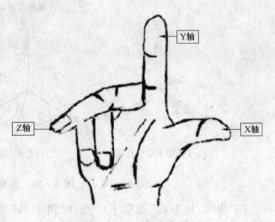

图 3-81 右手定则

基准坐标系建立原则是:先确立坐标系原点位置,再确定坐标系的任意两轴方向,系统会依据"右手定则"(如图 3-81 所示)确定第 3 轴方向。

单击"模型"选项卡中"基准"区域的"坐标系"按钮 ,出现如图 3-82 所示的"坐标系"对话框。该对话框中包括"原点"、"定向"和"属性"三个选项卡,对各选项卡的功能介绍如下。

(1)"原点"选项卡

"原点"选项卡用于定义坐标系的原点放置,并列出其对应的放置参照、坐标偏移方式及坐标值等。

(2)"方向"选项卡

该选项卡用于设定各坐标轴方向,定义基准坐标系的 X、Y、和 Z 轴方向时,指定了其中的两个轴向,第三轴的正方向满足"右手定则"。

(3)"属性"选项卡

该选项卡用于显示当前基准坐标系的特征信息,也可对基准坐标系进行重命名。

 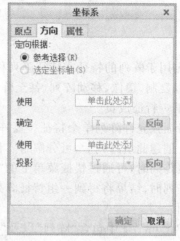

(a) "原点"选项卡　　　　　　(b) "方向"选项卡

图 3-82 "坐标系"对话框

使用以下几种参照组合也可以创建基准坐标系。

① 3 个相交平面:将 3 个平面的交点作为坐标系的原点,将前两个平面的法向分别作为两个坐标轴(X、Y)的方向,系统根据右手定则确定出第 3 个坐标轴的方向。

② 两条相交直线:选取两条相交直线(边或轴),将两条直线的交点作为坐标系的原点,然后在"定向"选项卡中设置两个坐标轴的方向,系统则根据右手定确定出第 3 个坐标轴的方向。

③ 一个平面和两条非平行直线:将平面和第 1 条直线的交点作为坐标系的原点,将第 1 条直线的方向作为第 1 个坐标轴的方向,然后在"定向"选项卡中,选取一条不和第 1 条直线平行的直线,确定第 2 个坐标轴的方向,系统则根据右手定确定出第 3 个坐标轴的方向。

此外,通过将现有坐标系沿着三个坐标轴方向各自偏移一定的距离也可以创建新的坐标系。

6. 阵列特征

阵列,是通过重复复制、改变某一个(或一组)特征的指定尺寸,根据设定的变化规律和数量,自动生成一系列具有参数相关性的特征(组)。阵列特征有以下特点。

- 指定的尺寸可以是位置尺寸,也可以是形状尺寸,或者同时使用。
- 变化规律可以是尺寸的变化规律,也可以是参照的变化规律,即随形阵列(如图 3-83 所示)。

图 3-83 随形阵列

- 选定用于阵列的特征或特征阵列称为阵列导引。
- 可以复制、镜像、移动阵列(甚至阵列阵列),但选取时必需选上整个阵列而不是某一特征成员。

阵列特征只允许阵列单个特征。要阵列多个特征,可创建一个"组"特征,然后阵列这个组。创建此组阵列后,可分解组实例以单独对其进行修改。当特征阵列为尺寸阵列或表阵列时,可通过快捷菜单上的"取消阵列"来单独修改阵列成员。取消特征阵列的阵列时,结果将得到一组特征阵列。删除特征阵列的阵列时,结果将得到一个特征阵列。

Creo Parametric 中包含"阵列"以及"几何阵列"两种阵列方法,操作基本一样。"几何阵列"可以用来阵列集合体或者面,这些面可以从复杂的特征中分离出来并且不需要对这些特征进行分类,并且可以比"阵列"特征重生得更快。

单击"模型"选项卡中"编辑"区域的"阵列"按钮▦,弹出如图 3-84 所示的"阵列"选项卡。

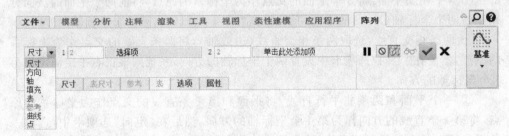

图 3-84 "阵列"选项卡

单击"选项"按钮,出现如图 3-85 所示的"选项"选项卡,用于指定阵列特征的生成模式,其中各选项含义如下。

① 相同。该选项用于产生的阵列子特征与原始特征为同类型的情况,要求阵列子特征的放置平

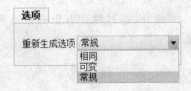

图 3-85 "选项"选项卡

面、尺寸大小与原始特征相同,且任何子特征均不得与放置平面的边界相交、子特征相互间也不能有相交现象。采用该方式创建的阵列特征产生的速度最快。

② 可变(变化阵列)。该选项用于产生允许有变化的阵列特征,阵列子特征与原始特征的大小可不相同、可位于不同的放置面并且允许与放置面的边界相交,但子特征之间不允许有相交现象。

③ 常规(一般阵列)。该选项用于产生不受任何限制的阵列特征,系统允许阵列子特征与原始特征的大小不相同,也允许子特征相互间有相交。该类阵列选项使用范围最广。

Pro/ENGINEER 阵列特征共包括 8 种方法包括尺寸、方向、轴、表、参照、填充、曲线、点,分别介绍如下。

(1) 尺　寸

尺寸阵列是通过使用驱动尺寸并指定阵列的增量变化来控制阵列。尺寸阵列可以为单向或双向,图 3 - 86 为"阵列"选项卡。

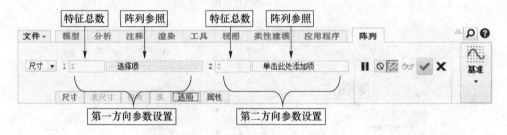

图 3 - 86　"阵列"选项卡

尺寸阵列主要选取原始特征的定位尺寸作为阵列驱动尺寸,指定定位尺寸的尺寸增量及该方向的特征总数。在创建尺寸特征之前,首先需要创建基础实体特征以及原始特征。

选取阵列参照尺寸时,单击"阵列"选项卡中"尺寸"按钮,出现如图 3 - 87 所示的"尺寸"选项卡,此时可分别在"方向 1"和"方向 2"选项组中选取所需的参照尺寸并指定相应的增量。若勾该选项卡中的"按关系定义增量"选项,则可用关系式控制阵列间距(即参照尺寸增量),单击"编辑"按钮打开记事本窗口以输入和编辑关系式。

图 3 - 87　"尺寸"选项卡

在每个阵列方向的定义中,允许同时选取一个或多个参照尺寸,若选取多个参照尺寸时应按住 Ctrl 键。指定一个参照尺寸,该参照尺寸的增量方向即是阵列的方向;若指定有多个参照尺寸,则参照尺寸的增量合成方向决定着阵列的方向。

根据选取的参照尺寸不同可产生线性阵列和旋转阵列,线性阵列以线性尺寸作为驱动尺寸。创建线性阵列时,允许设定一个或两个阵列方向(即第一方向与第二方向),但每个阵列方向都要分别指定参照尺寸及增量、阵列特征总数,如图 3-88 所示。创建旋转阵列时需要制定一个角度尺寸为驱动尺寸,如图 3-89 所示。

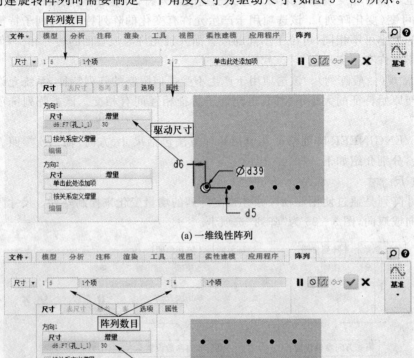

(a) 一维线性阵列

(b) 二维线性阵列

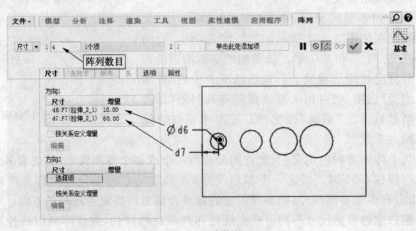

(c) 尺寸增量

图 3-88　线性阵列

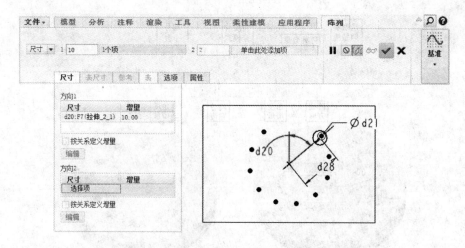

图 3 - 89　旋转阵列

（2）方　　向

方向阵列方式其实是尺寸线性阵列的简化,通过使用这个功能,阵列导引可以不再需要线性驱动尺寸,只需使用平面、轴、直线边指定方向,便可实现单向或双向线性阵列,同样的,也允许特征本身的形状尺寸变化,如图 3 - 90 所示。

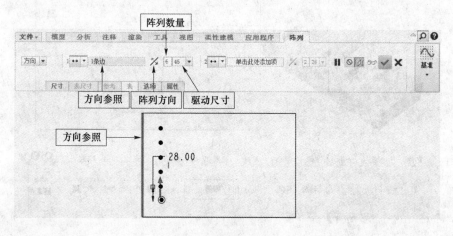

图 3 - 90　方向阵列

（3）轴

轴阵列把圆周阵列从尺寸阵列中解放出来,不需要角度驱动尺寸,通过指定轴参照,便可实现圆周阵列了,如图 3 - 91 所示。

（4）表

表阵列是一种相对比较自由的阵列方式,常用于创建不太规则布置的特征阵列。该阵列方式通过选取一定数量的驱动尺寸,从而形成一个阵列表,由表格里的尺寸去驱动阵列里每个成员的尺寸,如图 3 - 92 所示。

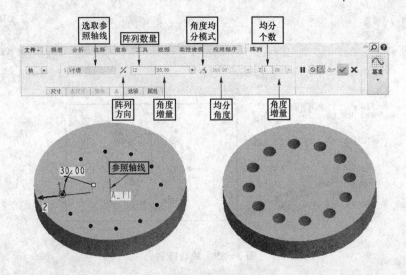

图 3-91　创建轴阵列

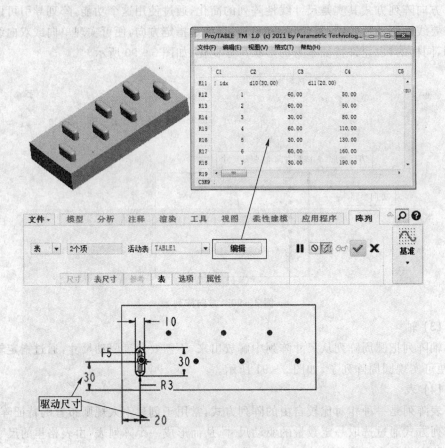

图 3-92　表阵列

（5）参　照

参照阵列通过参照另一阵列来控制阵列,是指在已有的阵列基础上,参照该阵列参数来创建的阵列。创建参照阵列特征之前,模型中必须有可参照的阵列特征,如图 3 - 93 所示。

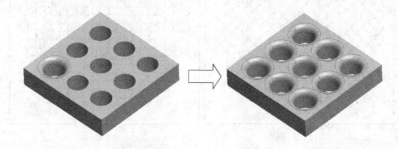

图 3 - 93　参照阵列

（6）填　充

在规划的草绘范围内按照某种规则创建阵列特征。首先规划阵列范围,然后指定阵列排列格式并调整相关参数,如图 3 - 94 所示。

图 3 - 94　阵列排列格式及相关参数设定

内部SZD0003：用于绘制填充阵列的区域并显示所选取的对象。

▦：用于选取填充阵列的网格模板,有"方形"、"菱形"、"六边形"、"同心圆"、"草绘曲线"、"螺旋线"六种排列方式的阵列,如图 3 - 95 所示。

10.37：用于设定阵列子特征的中心间距。

0.00：用于设定阵列子特征的中心距离填充区域边界的最小值,若是负值则在填充区域之外。

0.00：用于设定网格关于原点的角度。

NOT DEFINED：用于设定圆形或样条曲线网格的径距。

（7）曲　线

通过指定沿着曲线的阵列成员间的距离或阵列成员的数目来控制阵列,如图 3 - 96 所示。

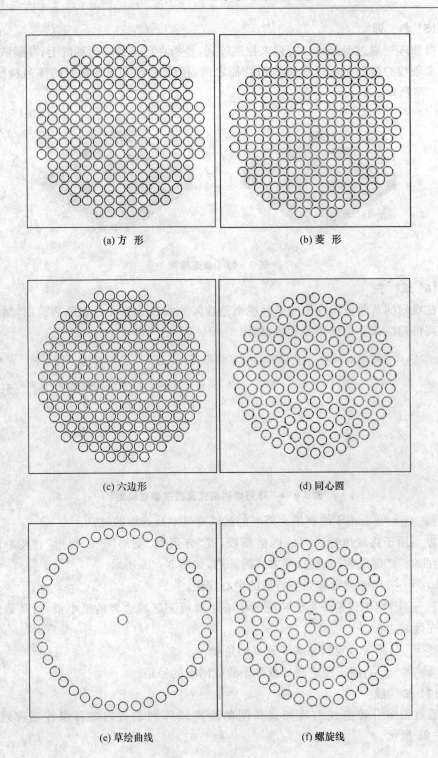

(a) 方 形

(b) 菱 形

(c) 六边形

(d) 同心圆

(e) 草绘曲线

(f) 螺旋线

图 3 - 95　排列方式

图 3-96　曲线阵列设置

7. 筋

"筋"特征是设计中连接到实体曲面的薄翼或腹板伸出项。筋通常用来加固设计中的零件,也常用来防止出现不需要的折弯。Creo Parametric 中包含了"轨迹筋"和"草绘筋"两种筋命令。

(1) 轨迹筋

这是一个专门用来处理在模型内部添加各种类型的加强筋的专用工具。运用轨迹筋工具可以方便在模型内部创建各种加强筋并大为提高设计效率。

单击"模型"选项卡中"工程"区域中的"轨迹筋"按钮 ,弹出"轨迹筋"选项卡,如图 3-97 所示。

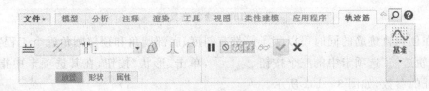

图 3-97　"轨迹筋"选项卡

首先指定一个草绘平面,对于轨迹筋的草绘平面,必须是和实体有相交的部分的。选择草绘平面,打开"草绘"选项卡,创建需要添加轨迹筋的截面形状,创建的截面没必要使用边界来作参考,因为系统会自动延伸用户的截面几何直到和边界的实体几何进行融合,如图 3-98 所示。

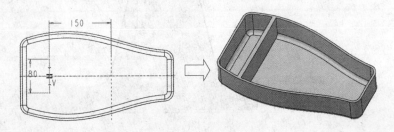

图 3-98　绘制轨迹筋

轨迹筋的功能中,可以在草绘中一次性创建多个开放截面,这样就可以一次性创建多条筋,如图 3 - 99 所示。

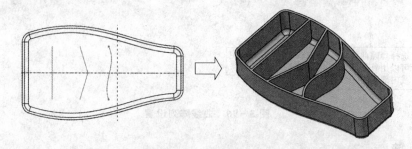

图 3 - 99　创建多条筋

　　草绘中相互交叉的开放截面也是可以生成筋特征的,如图 3 - 100 所示。

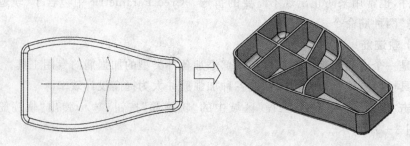

图 3 - 100　绘制交叉筋

　　在创建轨迹筋的同时可以赋予筋带有斜度、底部圆角和顶部圆角三个工程特性,单击"轨迹筋"选项卡中的三个按钮 ，单击"形状"按钮,在其选项卡中指定各个特征的参数,如图 3 - 101 所示。

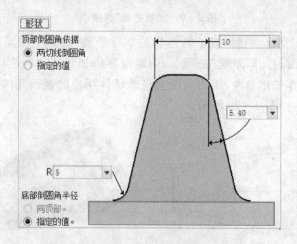

图 3 - 101　"形状"选项卡

（2）轮廓筋

轮廓筋特征类似于拉伸实体特征，不同之处就是需要一个开放的草绘截面。

创建筋特征时，可相对于父项特征的轮廓草绘筋的剖面。然后，向草绘平面的一侧或两侧加厚草绘。筋的截面只能是一条直线，截面两端必须与接触面对齐。

单击"模型"选项卡"工程"区域中的"轨迹筋"按钮 ⬚筋▾ 的下三角按钮，选择"轮廓筋" ⬚轮廓筋，弹出"轮廓筋"选项卡，如图 3－102 所示。

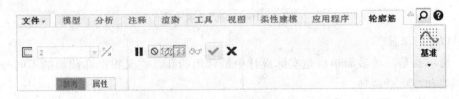

图 3－102　"轮廓筋"选项卡

选择草绘平面，绘制筋轮廓，单击"草绘"选项卡中的"确定"按钮，在"轮廓筋"选项卡中输入筋的厚度，如图 3－103 所示。

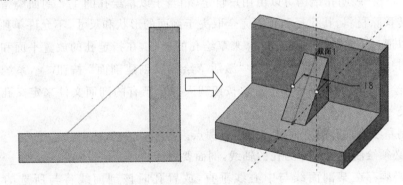

图 3－103　绘制轮廓筋

8. 孔

孔是指在模型上切除实体材料后留下的中空回转结构，是现代零件设计中最常见的结构之一，在机械零件中应用很广。Creo Parametric 中孔的创建方法多样，如用前面学到的基础实体建模的方法都可以创建孔，但是，相对来讲这种方法效率不高而且麻烦。使用 Creo Parametric 为用户提供的孔专用设计工具，可以快捷、准确地创建出三维实体建模中需要的孔特征。

根据孔的形状、结构和用途以及是否标准化等条件，在 Creo Parametric 系统中，孔特征类型分为"直孔"和"标准孔"两种。

单击"模型"选项卡中"工程"区域的"孔"按钮 ⬚孔，出现如图 3－104 所示的"孔"选项卡。

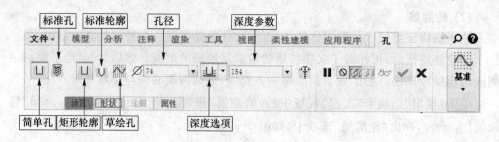

图 3-104 "孔"选项卡

(1) 简单孔

简单孔是一种最简单也是实际设计中最常用的孔。它又根据孔截面的不同分为"简单"和"草绘"两种。

① "简单"：表明它具有单一的直径参数，结构简单（相当于以圆形剖面向垂直于孔放置面拉伸去除体积而得），设计时，只需要指定孔的放置平面，相应的定位参照、定位尺寸，孔的直径和深度。

② "草绘"表明孔结构可以由用户自定（相当于以草绘孔的 1/2 剖面绕指定中心轴线旋转移除材料，其孔径和孔深完全取决于剖面的形状和尺寸，不允许单独指定）。用户可以通过单击"草绘孔"按钮 来草绘孔的形状，在指定孔的放置平面和定位参照、定位尺寸后，单击"孔"选项卡中"激活草绘器以创建剖面"按钮 ，系统进入草绘模式，绘制孔的剖面。也可单击 按钮调入一个已有的剖面文件来定义孔的剖面形状和尺寸。

绘制草绘剖面孔的剖面时注意以下两点。

- 必须绘制中心线作为孔的轴线，剖面要封闭。
- 必须存在某剖面线与中心线垂直，放置孔时该剖面线将与所选的放置面对齐。

(2) 标准孔

标准孔是基于工业标准紧固件的拉伸切口组成。Creo 提供选取的紧固件的工业标准孔图表以及螺纹或间隙直径，用户也可以创建自己的孔图表。单击"孔"上的 按钮，即创建各种标准尺寸的孔，该孔的形状及尺寸可从系统中选取来确定，用户只需指定孔的放置平面和定位参照、定位尺寸等。"标准孔"选项卡如图 3-105 所示。

校准孔的创建步骤如下。

① 创建标准孔时，可选取标准孔的类型，系统提供了 3 种。

- "ISO"：标准螺纹，通用的标准螺纹。
- "UNC"：粗牙螺纹。
- "UNF"：细牙螺纹。

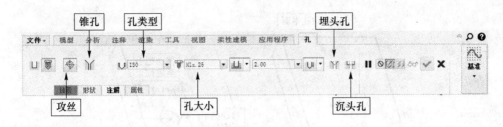

图 3 - 105　"标准孔"选项卡

② 确定孔的形状(如沉头孔、牙型孔等)和螺纹尺寸,并可单击 形状 按钮来指定孔的相关尺寸。

③ 确定校准孔的螺纹装饰结构。单击设计图标 三个按钮中的任意一个,即可定义螺纹装饰结构。

④ 最后是确定校准孔的定位参数。方法同直孔定位参数设置相同。

(3) 孔的定位方式

单击"孔"选项卡中的"放置"按钮,出现如图 3 - 106 所示的"放置"选项卡,创建孔时必须标定孔中心的位置,系统提供了 5 种定位方式,分别是"线性"、"径向"、"直径"、"同轴"和"在点上"。

图 3 - 106　"放置"选项卡

① "线性":相对于定位参照以线性距离来标注孔的轴线位置,如图 3 - 107 所示。

② "径向":以极坐标形式来标注孔的轴线位置,即标注孔的轴线到参照轴线的距离(该距离值以半径表示)、孔的轴线与参照轴线之间连线与参照平面的夹角。标注时必须指定参照的基准轴、平面及其极坐标参照值(r、θ),如图 3 - 108 所示。

③ "直径":"直径"与"径向"方式相同,即以极坐标形式来标注孔的轴线位置,但以直径形式标注孔的轴线到参照轴线的距离。

④ "同轴":以选定的一条轴线为参照,使创建的孔轴线与参照轴重合,如图 3 - 109 所示。

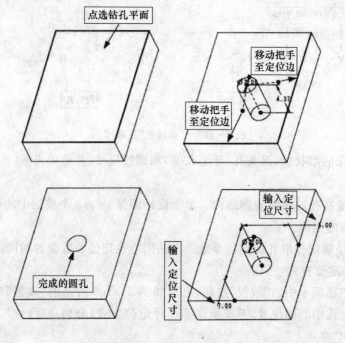

图 3 - 107 "线性"定位

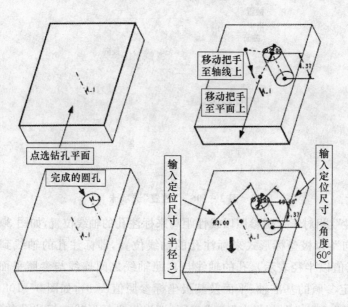

图 3 - 108 线性定位

⑤ "在点上"：将孔与曲面上的或者偏移曲面的草绘点对齐，如图 3 - 110 所示。

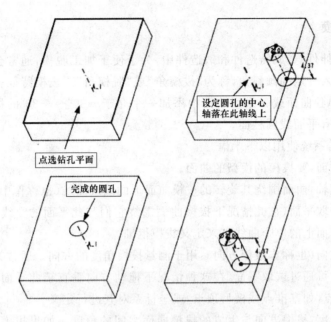

点选钻孔平面

设定圆孔的中心轴落在此轴线上

完成的圆孔

图 3 – 109　同轴定位

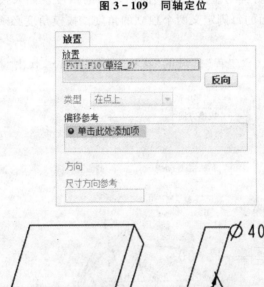

图 3 – 110　点定位

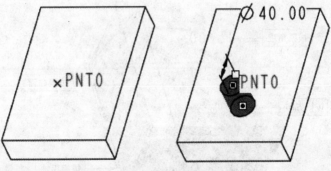

9. 拔　模

　　在塑料拉伸件、金属铸造件和锻造件中，为了便于加工脱模，通常会在成品与模具行腔之间引入一定的倾斜角，称为"拔模角"或"脱模角"。拔模特征就是为了解决此类问题，将单独曲面或一系列曲面中添加一个介于 $-30°\sim +30°$ 的拔模角度。可以选择的拔模有平面或圆柱面。

　　对于拔模，系统使用以下术语。

- 拔模曲面：要拔模的模型的曲面。
- 拔模枢轴：曲面围绕其旋转的拔模曲面上的线或曲线（也称作中立曲线）。可通过选取平面（在此情况下拔模曲面围绕它们与此平面的交线旋转）或选取拔模曲面上的单个曲线链来定义拔模枢轴。
- 拖动方向（也称作拔模方向）：用于测量拔模角度的方向。通常为模具开模的方向。可通过选取平面（在这种情况下拖动方向垂直于此平面）、直边、基准轴、两点（如基准点或模型顶点）或坐标系对其进行定义。
- 拔模角度：拔模方向与生成的拔模曲面之间的角度。如果拔模曲面被分割，则可为拔模曲面的每侧定义两个独立的角度。拔模角度必须在 $-30°\sim +30°$ 的范围内。

　　单击"模型"选项卡中"工程"区域的"拔模"按钮 ，弹出"拔模"选项卡，如图 3-111 所示。

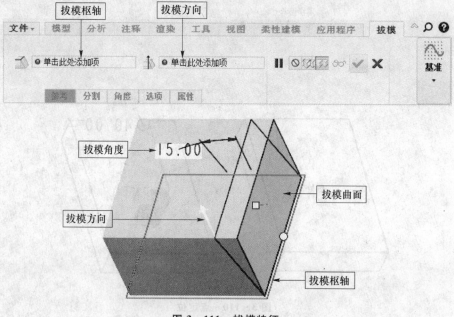

图 3-111　拔模特征

3.4.3　操作步骤

① 单击"主页"选项卡中的"新建"按钮 □，或者选择"文件"→"新建"菜单项，弹出"新建"对话框，在"类型"中选择"零件"，将文件名修改成"lingjian"，取消"使用默认模板"选项的选中状态，单击"确定"按钮。进入"新建文件选项"对话框，选择模板"mmns_part_solid"，单击"确定"按钮，完成新建文件设置。

② 单击"模型"选项卡中"形状"区域的"拉伸"按钮 🔂，选择平面 TOP 为草绘平面，绘制图 3－112(a)所示的草绘图形，单击"草绘"选项卡的"确定"按钮 ✓，在"拉伸"选项卡文本框中输入拉伸高度 18，单击"确定"按钮 ✓，结果如图 3－112(b)所示。

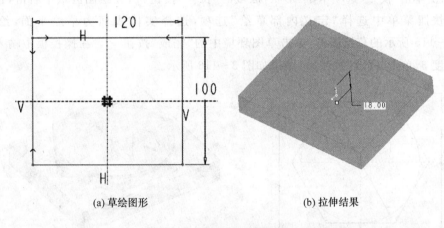

(a) 草绘图形　　　　　　　　　　　(b) 拉伸结果

图 3－112　创建拉伸特征

③ 单击"模型"选项卡中"形状"区域的"拉伸"按钮 🔂，选择立方体表面为草绘平面，绘制图 3－113 所示的草绘图形，单击"草图"选项卡中的"确定"按钮 ✓，在操控板中输入拉伸高度 18，单击"确定"按钮 ✓，结果如图 3－114 所示。

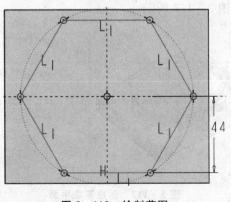

图 3－113　绘制草图

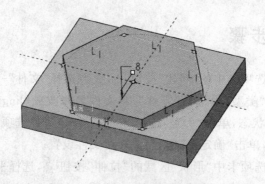

图 3-114　创建拉伸特征

④ 单击"模型"选项卡中"形状"区域的"拉伸"按钮 ⬚，在绘图区域中右击，在弹出的快捷菜单中选择"定义内部草绘"选项，选择实体表面为草绘平面，绘制图 3-115 所示的草绘图形，单击草图环境中的"完成"按钮 ✓。在操控板中输入拉伸高度 3，单击"完成"按钮 ✓，结果如图 3-116 所示。

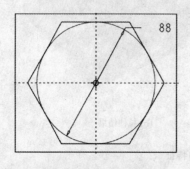

图 3-115　绘制草图

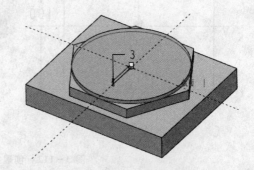

图 3-116　创建拉伸特征

⑤ 单击"模型"选项卡中"基准"区域的"平面"按钮 ⬚，弹出"基准平面"对话框，选择 FORNT 平面，选择平面创建类型为"偏移"，在"平移"文本框中输入偏移距离 1，单击"确定"按钮，如图 3-117 所示。

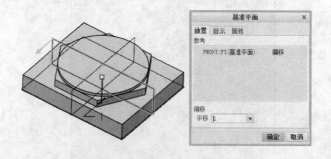

图 3-117　创建基准平面

⑥ 单击"模型"选项卡中"基准"区域的"轴"按钮 /，弹出"基准轴"对话框，按住 Ctrl 键选择新创建的 DTM1 平面以及 RIGHT 平面，单击"确定"按钮，如图 3-118 所示。

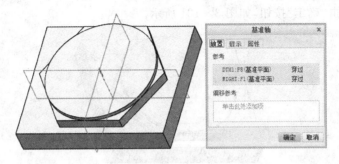

图 3-118　创建基准轴

⑦ 单击"模型"选项卡中"基准"区域的"坐标系"按钮 ☀坐标系，弹出"坐标系"对话框，按住 Ctrl 键选择新创建的基准轴以及圆柱体上表面，单击"定向"选项卡，在"确定"下拉列表框中选择 Z，在第二个"使用"选择框中选择 RIGHT 平面，在"投影"下拉列表中选择 Y，单击"确定"按钮，如图 3-119 所示。

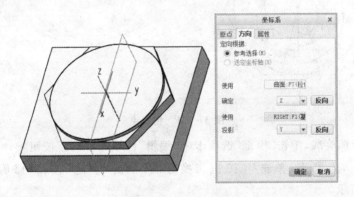

图 3-119　创建坐标系

⑧ 单击"模型"选项卡中选择"基准"下三角按钮，从下拉列表框中选择"来自方程的曲线"按钮 ～ 来自方程的曲线，在"曲线：从方程"选项卡，选择"柱坐标系"坐标系类型，单击"方程"按钮，弹出"方程"对话框，输入阿基米德螺旋线方程，单击"确定"按钮关闭"方程"对话框，选择第⑦步创建的坐标系，单击"确定"按钮 ✓，结果如图 3-120 所示。

阿基米德螺旋线方程：

$$a = 18/360$$
$$theta = t * 750$$

$$r = a * theta$$

⑨ 单击"模型"选项卡"基准"区域中的"草绘"按钮，选择实体的上表面为草绘平面，在草绘环境中绘制两条中心线，选择螺旋线为参照，在中心线和螺旋线的交点处绘制点，单击"确定"按钮，如图 3－121 所示。

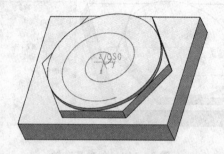

图 3－120　阿基米德螺旋线

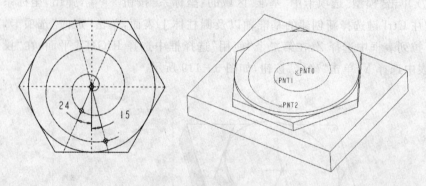

图 3－121　创建点

⑩ 选择螺旋线，单击"模型"选项卡中"编辑"区域的"修剪"按钮，弹出"曲线修剪"选项卡，选择点，单击 按钮切换方向，单击"确定"按钮，修剪螺旋线，如图 3－122 所示。

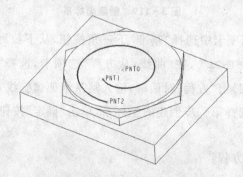

图 3－122　修剪螺旋线

⑪ 选择螺旋线并右击,在弹出的快捷菜单中选择"属性"选项,弹出"线造型"对话框,在"线型"下拉列表中选择"控制线"选项,如图 3-123 所示。单击"应用"按钮,关闭对话框,结果如图 3-124 所示。

图 3-123　"线造型"对话框　　　　　　　　图 3-124　改变线型

⑫ 单击"模型"选项卡中"形状"区域的"拉伸"按钮 ⬚,在"拉伸"选项卡中单击"移除材料"按钮 ⬚,选择实体表面为草绘平面,绘制图 3-125 所示的草绘图形,单击"草图"选项卡中的"完成"按钮 ✓。在操控板中输入拉伸高度 10,单击"完成"按钮 ✓,结果如图 3-126 所示。

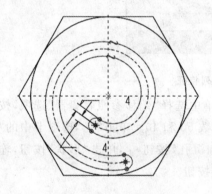

图 3-125　绘制草图　　　　　　　　　　　图 3-126　创建拉伸除料特征

⑬ 单击"模型"选项卡中"基准"区域的"轴"按钮 /,弹出"基准轴"对话框,按住 Ctrl 键选择新创建的 FRONT 平面以及 RIGHT 平面,单击"确定"按钮,

⑭ 单击"模型"选项卡中"形状"区域的"拉伸"按钮 ⬚,在"拉伸"选项卡中单击"移除材料"按钮 ⬚,选择实体上表面为草绘平面,绘制草图,单击"草图"选项卡中的"完成"按钮 ✓。在操控板中输入拉伸高度 8,单击"完成"按钮 ✓,如图 3-127 所示。

⑮ 在模型树中选择步骤⑭创建的拉伸除料特征,单击"模型"选项卡中"编辑"区域的"阵列"按钮 ▦,在类型列表中选择"轴",选择步骤⑬创建的基准轴,输入阵列个数 3 以及角度 60,单击"确定"按钮,结果如图 3-128 所示。

⑯ 单击"模型"选项卡中"工程"区域的"孔"按钮 🔩孔,选择实体下表面为孔的放

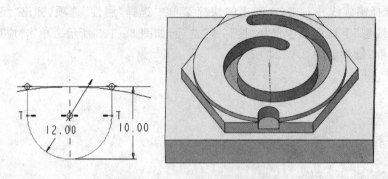

图 3 - 127　创建拉伸除料特征

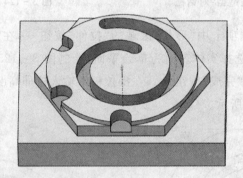

图 3 - 128　阵列特征

置平面,在绘图区域中右击,在弹出的快捷菜单中选择"偏移参照收集器"选项,按住 Ctrl 键选择 FRONT 和 RIGHT 平面,编辑参数 50 和 40。单击"孔"选项卡中的"使用标准孔轮廓为钻孔轮廓"按钮，单击"添加沉孔"按钮，单击"形状"按钮,输入孔的形状参数,如图 3 - 129 所示,单击"确定"按钮。

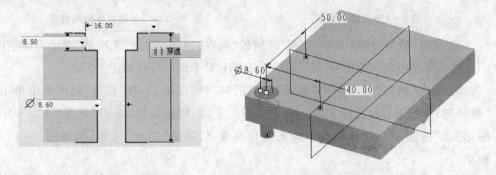

图 3 - 129　创建孔特征

⑰ 在特征树中选择步骤⑯创建的孔特征,单击"模型"选项卡中"编辑"区域的"阵列"按钮，选择阵列类型为"尺寸",选择绘图区域中值为 50 的参数,输入

－100,选择值为 40 的参数,输入增量－40,输入第一方向阵列数 2,输入第二方向阵
列数 3,单击"完成"按钮,如图 3-130 所示。

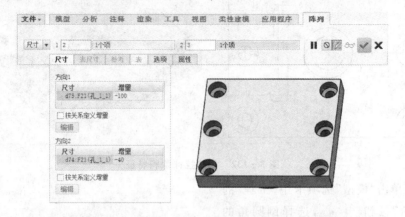

图 3-130　阵列复制孔特征

⑱ 单击"模型"选项卡中"工程"区域的"孔"按钮 ,按 Ctrl 键选择实体下表面
以及步骤⑭创建的轴,单击"孔"选项卡中的"使用标准孔轮廓为钻孔轮廓"按钮 ,
单击"添加沉孔"按钮 ,单击"形状"按钮,输入孔的形状参数,如图 3-131 所示,单
击"确定"按钮。

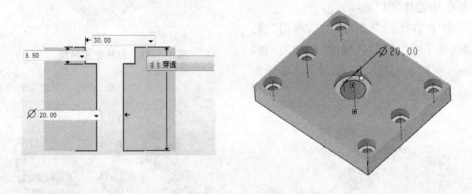

图 3-131　创建孔特征

⑲ 单击"模型"选项卡中"形状"区域的"拉伸"按钮 ,在"拉伸"选项卡中单击"移
除材料"按钮 ,选择实体下表面为草绘平面,绘制草图,单击"草图"选项卡中的"完
成"按钮 。在操控板中输入拉伸高度 10,单击"完成"按钮 ,如图 3-132 所示。

⑳ 单击"模型"选项卡中"工程"区域的"拔模"按钮 ,弹出"拔模"选项卡,
选择三个侧面为拔模曲面,在绘图区域中右击,在弹出的快捷菜单中选择"拔模枢轴"
选项,选择实体的下表面,输入拔模角度 10,单击"确定"按钮,结果如图 3-133
所示。

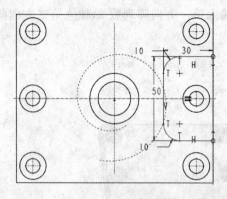

图 3 - 132　创建拉伸除料特征

㉑ 单击"模型"选项卡中"工程"的
"倒圆角"按钮 ，选择倒圆角的
边，在操控板中输入圆角半径 3，单击
"确定"按钮，结果如图 3 - 134 所示。

㉒ 按住 Ctrl 键，在特征树中选择
步骤⑲～㉑创建的"拉伸"、"斜度"、"倒
圆角"三个特征，鼠标右击，在弹出的快
捷菜单中选择"组"选项。

㉓ 在特征树中选择"组"，单击"模
型"选项卡中"编辑"区域的"镜像"按钮
，选择 RIGHT 平面，单击"确定"
按钮 ，如图 3 - 135 所示。

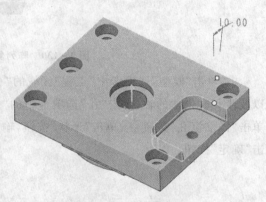

图 3 - 133　创建拔模特征

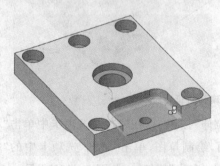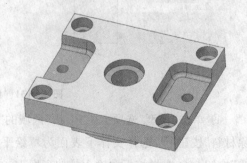

图 3 - 134　创建圆角特征　　　　**图 3 - 135　镜像复制特征**

㉔ 单击"模型"选项卡中"形状"区域的"拉伸"按钮 ，在"拉伸"选项卡中单击
"移除材料"按钮 ，选择实体下表面为草绘平面，绘制草图，单击"草图"选项卡中的
"完成"按钮 ，在操控板中输入拉伸高度 5，单击"完成"按钮 ，如图 3 - 136 所示。

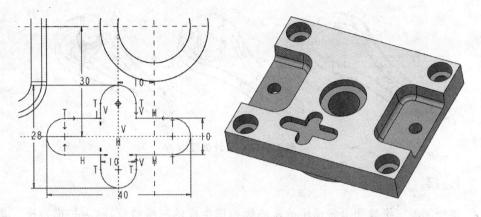

图 3 - 136　创建拉伸除料特征

㉕ 单击快速访问工具栏中的"保存"按钮 ▣ 保存零件。

3.5　零件设计案例 4:洗手液瓶盖

零件设计案例 4 洗手液瓶盖如图 3 - 137 所示。

图 3 - 137　洗手液瓶盖

3.5.1　案例分析

这也是一个综合性的案例,命令运用得比较多,比较符合实际的产品设计流程,
学习过程要着重理解"扫描"、"扫描混合"命令的特点以及使用方法。其设计流程如
图 3 - 138 所示。

3.5.2　知识点介绍:扫描、扫描混合

"扫描"特征和"扫描混合"特征比较类似,主要组成元素都是轨迹和截面,"扫描"
特征中存在一条轨迹线和一个截面,而"扫描混合"特征中却存在两条轨迹线和多个
截面,而多截面的特点又与"混合"特征类似,所以叫做"扫描混合"。

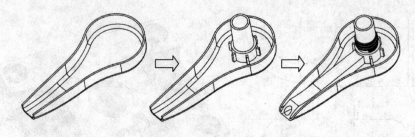

图 3 - 138   设计流程

1. 扫　描

　　将绘制的二维截面沿着指定的轨迹线扫描生成的三维特征,称为扫描特征。其中用扫描特征生成或移除材料的实体特征,称为实体扫描特征。扫描特征的两大要素就是:扫描轨迹和扫描截面,如图 3 - 139 所示。

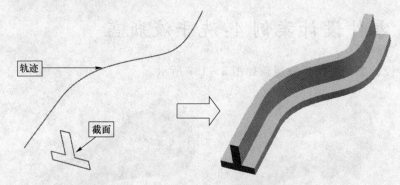

图 3 - 139   扫描特征

　　单击"模型"选项卡"形状"区域中的"扫描"按钮 ⌞扫描 ,出现如图 3 - 140 所示的"扫描"选项卡。

图 3 - 140   "扫描"选项卡

　　先定义扫描轨迹,选择草绘曲线或者实体边,但是要注意轨迹线不能存在自相交。单击"扫描"选项卡中的"创建或编辑扫描截面"按钮 ⌞ ,进入草图环境绘制草图,绘制方法比较简单,这里不再详细讲述。

2. 扫描混合

　　"扫描混合"特征既有"扫描"的特征又有"混合"的特征。创建"扫描混合"特征时,需要指定一条或两条轨迹线和至少 2 个扫描混合剖面,如图 3 - 141 所示。"扫描混合"特征的两条轨迹线,一条是原始轨迹,一条是次要轨迹,次要轨迹无法约束截面变化,

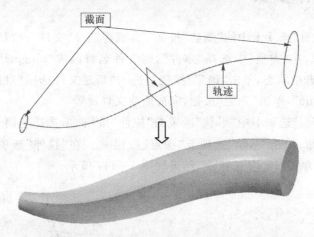

图 3 - 141　扫描混合特征

单击"模型"选项卡"形状"区域中的"扫描混合"按钮 扫描混合 ,出现如图 3 - 142 所示的"扫描混合"选项卡。

图 3 - 142　"扫描混合"选项卡

选择轨迹添加到"扫描混合"选项卡的"参考"选项卡中,单击"截面"按钮,弹出如图 3 - 143 所示的"截面"选项卡,可以选择截面或者草绘截面,也可以单击"移除"和"插入"按钮添加和删除截面。

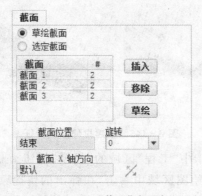

图 3 - 143　"截面"选项卡

3.5.3 操作步骤

① 单击"主页"选项卡中的"新建"按钮 □，或者选择"文件"→"新建"菜单项，弹出"新建"对话框，在"类型"中选择"零件"，将文件名修改成"pinggai"，取消"使用默认模板"选项的选中状态，单击"确定"按钮。进入"新建文件选项"对话框，选择模板"mmns_part_solid"，单击"确定"按钮，完成新建文件设置。

② 单击"模型"选项卡中"形状"区域的"拉伸"按钮 □，选择平面 TOP 为草绘平面，绘制草绘图形，单击"草绘"选项卡"确定"按钮 ✓。在"拉伸"选项卡文本框中输入拉伸高度 12，单击"确定"按钮 ✓，结果如图 3－144 所示。

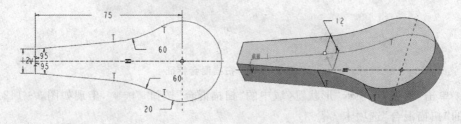

图 3－144　创建拉伸特征

③ 单击"模型"选项卡中"形状"区域的"拉伸"按钮 □，在"拉伸"选项卡中单击"移除材料"按钮 ☑，选择"对称"拉伸方式 ⊟，选择 FRONT 平面为草绘平面，绘制图草绘图形，单击"草图"选项卡中的"完成"按钮 ✓。在操控板中输入拉伸高度 25，单击"完成"按钮 ✓，结果如图 3－145 所示。

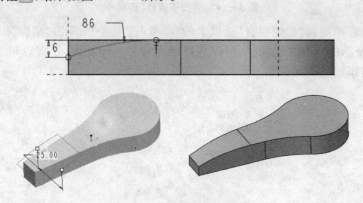

图 3－145　创建拉伸除料特征

④ 单击"模型"选项卡中"工程"区域的"拔模"按钮 ◢拔模·，弹出"拔模"选项卡，选择侧面为拔模曲面，在绘图区域中右击，在弹出的快捷菜单中选择"拔模枢轴"选项，选择 TOP 平面，输入拔模角度 1，单击"确定"按钮，结果如图 3－146 所示。

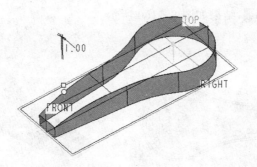

图 3－146　添加拔模特征

⑤ 单击"模型"选项卡中"工程"区域的"倒圆角"按钮 ，选择倒圆角的边，在操控板中输入圆角半径 3，单击"确定"按钮，结果如图 3－147 所示。

⑥ 单击"模型"选项卡中"工程"区域的"壳"按钮 ，按住 Ctrl 键，选择需要移除的表面，在"壳"选项中输入厚度值 1，单击"确定"按钮 ，如图 3－148 所示。

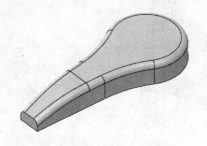

图 3－147　创建倒角特征

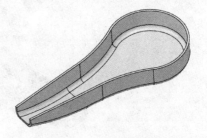

图 3－148　创建抽壳特征

⑦ 单击"模型"选项卡中"形状"区域的"拉伸"按钮 ，选择 TOP 平面为草绘平面，绘制草绘图形。在"选项"选项卡中设置拉伸深度，"第 1 侧"设置为"到选定的" ，选择实体平面，"第 2 侧"设置为"盲孔" ，设置高度为 20，单击"完成"按钮 ，如图 3－149 所示。

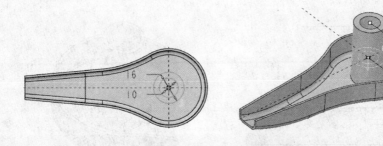

图 3－149　创建拉伸特征

⑧ 单击"模型"选项卡中"形状"区域的"拉伸"按钮 ，在"拉伸"选项卡中单击"移除材料"按钮 ，选择圆柱体的上表面为草绘平面，绘制草绘图形，输入拉伸高度

22,单击"确定"按钮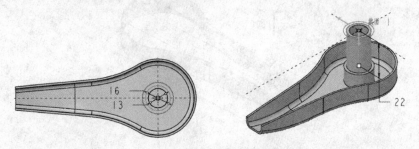,结果如图 3 - 150 所示。

图 3 - 150　创建拉伸特征

⑨ 单击"模型"选项卡中"工程"区域的"拔模"按钮 ，弹出"拔模"选项卡，选择圆柱面为拔模曲面，在绘图区域中右击，在弹出的快捷菜单中选择"拔模枢轴"选项，选择 TOP 平面，输入拔模角度 1，单击"确定"按钮，结果如图 3 - 151 所示。

图 3 - 151　创建拔模特征

⑩ 单击"模型"选项卡"工程"区域中的"筋"按钮 的下三角按钮 ，选择"轮廓筋" ，选择 FRONT 平面为草绘平面，绘制筋的轮廓，单击"草绘"选项卡中"完成"按钮 。在"轮廓筋"选项卡的文本框中输入筋的厚度 1.2，单击"确定"按钮 ，如图 3 - 152 所示。

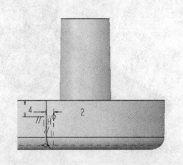
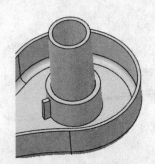

图 3 - 152　创建筋特征

⑪ 单击"模型"选项卡中"工程"区域的"拔模"按钮 ，弹出"拔模"选项卡，选择两侧面作为拔模曲面，在绘图区域中右击，在弹出的快捷菜单中选择"拔模枢轴"选项，选择筋特征顶面，输入拔模角度 1，单击"确定"按钮，结果如图 3-153 所示。

⑫ 在模型树中按 Ctrl 键，选择步骤⑨和步骤⑩所创建的筋特征和拔模特征并右击，在弹出的快捷菜单中选择"组"选项，创建组特征。

⑬ 单击"模型"选项卡中"编辑"区域的"阵列"按钮，在"阵列"选项卡中的"类型"下拉列表中选择"轴"，选择模型中心的基准轴，输入阵列个数 6 以及角度 60，结果如图 3-154 所示。

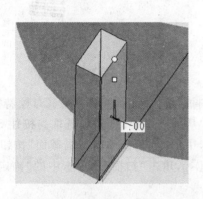

图 3-153　创建拔模特征

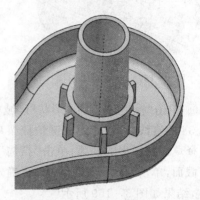

图 3-154　创建阵列特征

⑭ 单击"模型"选项卡中"形状"区域的"扫描"按钮 的下三角按钮，选择"螺旋扫描"按钮，弹出"螺旋扫描"选项卡，单击"参考"按钮，弹出"参考"选项卡。单击"定义"按钮，选择 RIGHT 平面，进入草图环境绘制图 3-155 所示的草图为轨迹，注意还有一条水平的旋转轴。单击"草绘"选项卡中的"完成"按钮，在"螺旋扫描"选项卡的文本框中输入螺距值 2.5，单击"创建或者编辑草绘截面"按钮，绘制如图 3-156 所示的截面图形，单击"草绘"选项卡中的"确定"按钮，单击"螺旋扫描"选项卡中的"确定"按钮，结果如图 3-157 所示。

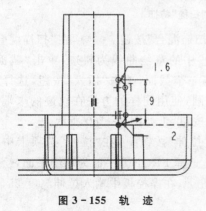

图 3-155　轨　迹

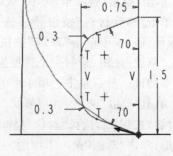

图 3-156　截　面

⑮ 单击"模型"选项卡"基准"区域中的"草绘"按钮 ，选择 FRONT 平面为草绘平面，绘制草图，该草图由一段圆弧以及两段直线构成，如图 3 - 158 所示。

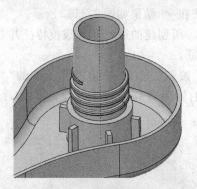

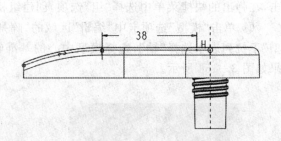

图 3 - 157　创建螺旋扫描　　　　　　　图 3 - 158　绘制草图

⑯ 单击"模型"选项卡"形状"区域中的"扫描"按钮 扫描 ，选择步骤⑮草绘特征中长为 38 的直线，可以使用右键快捷菜单中的"从列表中拾取"选项选取。按住 Shift 键选择草绘特征中的圆弧，单击"扫描"选项卡中的"创建或编辑扫描截面"按钮 ，绘制截面，单击"草绘"选项卡中的"确定"按钮 ，单击"扫描"选项卡中的"确定"按钮 ，结果如图 3 - 159 所示。

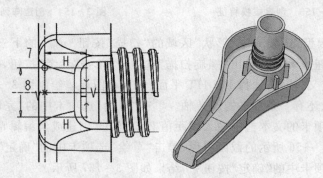

图 3 - 159　创建"扫描"特征

⑰ 单击"模型"选项卡"形状"区域中的"扫描混合"按钮 扫描混合 ，在"扫描混合"选项卡中单击"移除材料"按钮 。选择步骤⑮中的草绘曲线为轨迹，单击"截面"按钮，在截面选项卡中单击"草绘"按钮，绘制第一个截面，单击"插入"按钮，选择中间点，单击"草绘"按钮，绘制一个直径为 4.5 的圆，使用同样的方法在轨迹的末端绘制一个 4.5 的圆。最后单击选项卡中的"确定"按钮 ，如图 3 - 160 所示。

⑱ 单击"模型"选项卡中"形状"区域的"拉伸"按钮 ，在"拉伸"选项卡中单击"移除材料"按钮 ，选择"对称"拉伸方式 ，选择 FRONT 平面为草绘平面，绘制图草绘图形，单击"草图"选项卡中的"完成"按钮 ，在操控板中输入拉伸高度 25，单击"完成"按钮 ，结果如图 3 - 161 所示。

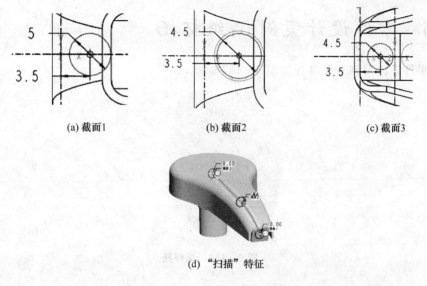

(a) 截面1　　　　　　　(b) 截面2　　　　　　　(c) 截面3

(d) "扫描"特征

图 3-160　创建"扫描"特征

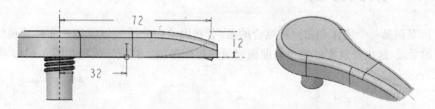

图 3-161　切割实体

⑲ 单击"模型"选项卡中"形状"区域的"拉伸"按钮，在"拉伸"选项卡中单击"移除材料"按钮，选择"对称"拉伸方式，选择实体的上表面为草绘平面，绘制草绘图形，单击"草图"选项卡中的"完成"按钮，在操控板中输入拉伸高度 0.3，单击"完成"按钮，结果如图 3-162 所示。

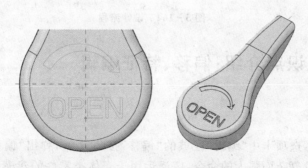

图 3-162　添加拉伸除料特征

⑳ 单击快速访问工具栏中的"保存"按钮保存零件。

3.6 零件设计案例5:纸杯托

零件设计案例5纸杯托如图3-163所示。

图3-163 纸杯托

3.6.1 案例分析

该案例是一个实体和曲面相结合的案例,利用曲面修改实体模型是实体建模过程中常用的手段,这也是从实体建模向曲面建模的过渡案例。其设计流程如图3-164所示。

图3-164 设计流程

3.6.2 知识点介绍:偏移、特征编辑

1. 偏 移

单击"模型"选项卡中"编辑"区域的"偏移"按钮 偏移,弹出"偏移"选项卡,偏移命令是一个比较复杂而强大的命令,广泛运用于壳体类零件的建模过程中。偏移命令有4种方式:"标准偏移特征"、"具有拔模特征"、"展开特征"和"替换曲面特征",如图3-165所示。

（1）标准偏移特征

选择一个曲面，单击"模型"选项卡中"编辑"区域的"偏移"按钮 █偏移 ，输入偏移距离，这个就是一个最基本的"标准偏移特征"方式偏移的操作方法。

（2）具有拔模特征

这是一个应用比较广泛的选项，应用这个选项的偏移特征，可以创建曲面的局部偏移特征。首先需要选择一个需要偏移的曲面，单击"模型"选项卡"编辑"区域中的"偏

图 3 - 165　偏移方式

移"按钮 █偏移 ，选择"具有拔模特征"的偏移类型 ，选择草绘平面，绘制草图定义偏移区域，输入偏移距离以及拔模角度，如图 3 - 166 所示。

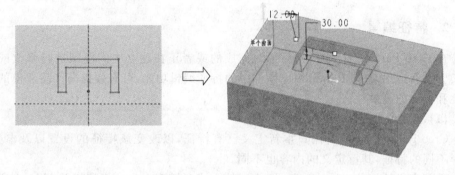

图 3 - 166　具有拔模特征的曲面偏移

（3）展开特征

使用"展开特征"的方式来进行选定的表面偏移，系统会沿着选定表面的邻面自动展开到输入的距离。展开特征通常可以应用于非参模型上局部特征的修改，比如增加和降低，如图 3 - 167 所示。

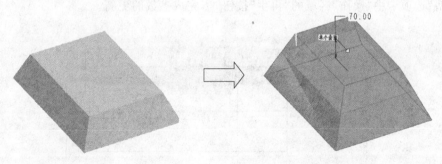

图 3 - 167　展开特征的曲面偏移

（4）替换曲面特征

替换曲面特征可以使用一个曲面直接替换掉选择的表面。首先选择一个实体的表面，单击"模型"选项卡"编辑"区域中的"偏移"按钮 █偏移 ，然后在选项卡中选择"替

换曲面特征"▢",选择替换曲面,如图 3 - 168 所示。

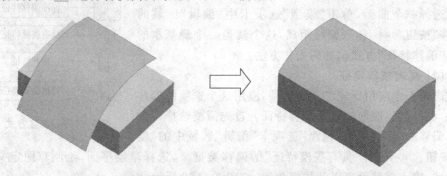

图 3 - 168　替换曲面特征的曲面偏移

2. 特征编辑

在 Creo Parametric 中用户可以对完成的或者正在建立中的模型进行修改或重定义。灵活运用 Creo Parametric 软件中的特征编辑功能,可有效提高产品建模的灵活性和设计的高效性。

(1) 重定义特征

Creo Parametric 允许用户重新定义已有特征,以改变该特征的设置以及参数。选择不同的特征,其重定义的内容也不同。

重新定义特征的方法比较简单,在实体中或者模型树中选择特征并右击,在弹出的快捷菜单中选择"编辑定义"选项,弹出该特征的操控板,在其中修改特征即可。

如果用户只需要修改特征中的参数,只要在实体中或者特征树中选择相应菜单并右击,在弹出的快捷菜单中选择"编辑"选项,绘图区域中将显示特征的尺寸参数,如图 3 - 169 所示。双击需要修改的参数,输入新值,此时参数变为绿色,最后单击"模型"选项卡中"操作"区域的"再生"按钮▢,完成参数的更新。

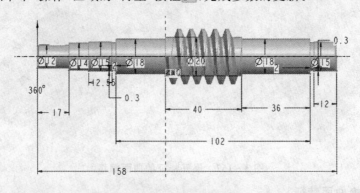

图 3 - 169　编辑参数

(2) 插入特征

在建立新特征时,系统会将新特征建立在所有已建立特征之后,通过模型树可以了解特征建立的顺序。在特征建立过程中，可以在已有的特征顺序队列中插入新的特征，从而改变模型创建的顺序。

在特征树中使用鼠标拖动"在此插入"图标，拖至欲插入特征之后，建立新的特征。新特征建立完毕后再将"在此插入"拖至模型树的尾部即可。

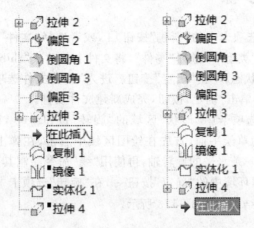

图 3-170　插入特征

(3) 特征的隐含、恢复和删除

在特征树中的特征上右击，在弹出的快捷菜单中分别选择"删除"、"隐含"选项就可以将特征进行隐含或删除。隐含的特征可以通过恢复命令进行恢复，而删除的特征将不可恢复。隐含特征就是将特征暂时删除，如果要隐含的特征有子特征，则子特征也会一同被隐含。一般情况下，当特征被隐含后，系统不再在特征树中显示该特征名。如果需要在特征树中显示该特征名，就需要单击模型树区域中的"设置"按钮 的下三角按钮，选择"树过滤器"，弹出"模型树项"对话框，如图 3-171 所示，在"显示"区域中勾选"隐含的对象"复选项，单击"确定"按钮，这样被隐含的特征名就会显示在特征树中。

图 3-171　"模型树项"对话框

如果要想恢复被隐含的特征,则在特征树中右击隐含特征,在弹出的快捷菜单中选择"恢复"选项即可。

3.6.3　操作步骤

① 单击"主页"选项卡中的"新建"按钮□,或者选择"文件"→"新建"菜单项,弹出"新建"对话框,在"类型"中选择"零件",将文件名修改成"zhibeituo",取消"使用默认模板"选项的选中状态,单击"确定"按钮。进入"新建文件选项"对话框,选择模板"mmns_part_solid",单击"确定"按钮,完成新建文件设置。

② 单击"模型"选项卡中"形状"区域的"旋转"按钮 旋转,弹出"旋转"选项卡。选择 FRONT 平面为草绘平面,首先在绘图区域中右击,在弹出的快捷菜单中选择"旋转轴"选项,绘制一条水平的旋转轴,再使用"线"命令绘制其他图形,如图 3-172所示。最后单击草图环境中的"确定"按钮✓,在"旋转"选项卡中输入旋转角度 180,单击"确定"按钮✓,结果如图 3-173 所示。

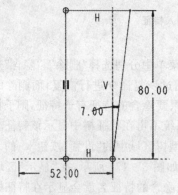
图 3-172　特征草图

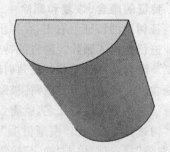
图 3-173　创建旋转特称

③ 单击"模型"选项卡中"工程"区域的"壳"按钮 壳,按住 Ctrl 键,选择需要移除的表面,在"壳"选项中输入厚度值 0.6,单击"参照"按钮,在"非缺省厚度"区域中选择底面,输入厚度 2,单击"确定"按钮✓,如图 3-174 所示。

④ 单击"模型"选项卡中"基准"区域的"草绘"按钮,选择 FRONT 平面为草绘平面,进入草绘环境,绘制如图 3-175 所示的草图。

⑤ 单击"模型"选项卡中"形状"区域的"拉伸"按钮,在"拉伸"选项卡中单击"移除材料"按钮,选择 FRONT 平面为草绘平面,绘制草绘图形,单击"草图"选项卡中的"完成"按钮✓,在操控板中输入一个适当的拉伸高度,单击"完成"按钮✓,结果如图 3-176 所示。

⑥ 选择曲面,单击"模型"选项卡中"编辑"区域的"偏移"按钮 偏移,在选项卡中选择偏移类型为"展开特征",单击"选项"按钮,选择"草绘区域",单击"定义"按

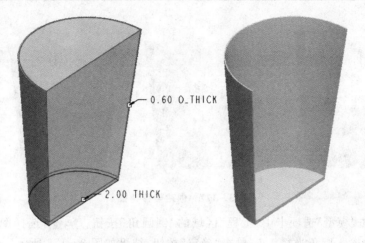

图 3 - 174　创建抽壳特征

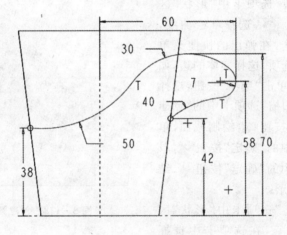

图 3 - 175　绘制草图

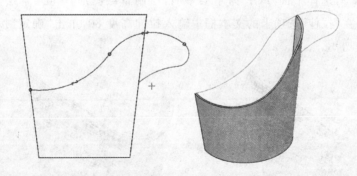

图 3 - 176　创建拉伸除料特征

钮,选择 FRONT 平面为草绘平面,绘制草图。单击草图环境中的"完成"按钮☑,在选项卡中输入偏移距离 0.7,单击"确定"按钮☑,如图 3 - 177 所示。

133

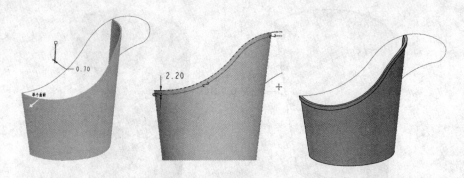

图 3 - 177　创建偏移特征

⑦ 单击"模型"选项卡中"工程"区域的"倒圆角"按钮 ，选择倒圆角的边，在操控板中输入圆角半径 1.5，单击"确定"按钮，结果如图 3 - 178 所示。

⑧ 单击"模型"选项卡中"形状"区域的"扫描"按钮 ，选择草绘曲线，在轨迹端点上右击，在弹出的快捷菜单中选择"修剪至"选项，选择实体的边，如图 3 - 179 所示。单击"选项"按钮，选择"合并端"，单击"扫描"选项卡中的"创建或编辑扫描截面"按钮 ，绘制截面，单击"草绘"选项卡中的"确定"按钮 ，单击"扫描"选项卡中的"确定"按钮 ，结果如图 3 - 180 所示。

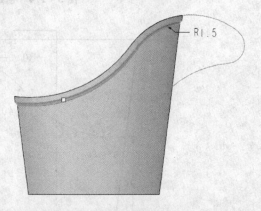

图 3 - 178　创建圆角特征

⑨ 单击"模型"选项卡中"形状"区域的"拉伸"按钮 ，在选项卡中选择"曲面"按钮 ，选择平面 TOP 为草绘平面，绘制草绘图形，单击"草绘"选项卡"确定"按钮 ，在"拉伸"选项卡的文本框中输入拉伸高度 80，单击"确定"按钮 ，结果如图 3 - 181 所示。

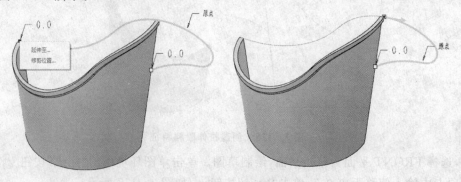

图 3 - 179　修剪轨迹线

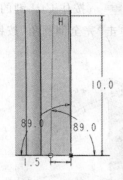
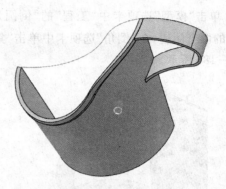

图 3 - 180　创建扫描特征

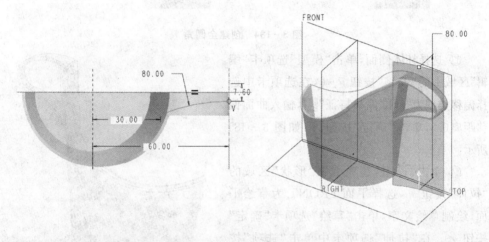

图 3 - 181　创建拉伸曲面

⑩ 选择把手的侧面,单击"模型"选项卡中"编辑"区域的"偏移"按钮 偏移,在选项卡中选择偏移类型为"替换曲面特征",选择步骤⑨绘制的拉伸曲面,单击"确定"按钮,如图 3 - 182 所示。

⑪ 单击"模型"选项卡中"工程"区域的"倒圆角"按钮 倒圆角,选择倒圆角的边,在操控板中输入圆角半径 0.8,单击"确定"按钮,结果如图 3 - 183 所示。

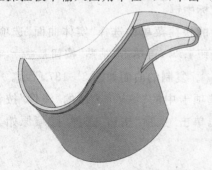
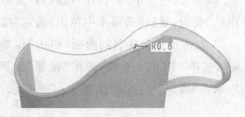

图 3 - 182　替换曲面　　　　　　　　图 3 - 183　创建圆角特征

⑫ 单击"模型"选项卡中"工程"的"倒圆角"按钮 ▼倒圆角 ▼，按住 Ctrl 键的同时选择把手的两个侧边，在"倒角"选项卡中单击"集"按钮，单击"完全倒圆角"按钮，结果如图 3-184 所示。

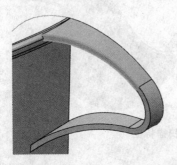

图 3-184　创建全圆角

⑬ 选择杯体侧面，单击"模型"选项卡"编辑"区域中的"偏移"按钮 ⬚偏移，在选项卡中选择偏移类型为"标准偏移特征" ▥，输入曲面偏移距离0.3，单击"确定"按钮 ✓，如图 3-185所示。

⑭ 单击"模型"选项卡中"形状"区域的"拉伸"按钮 🗗，选择平面 FRONT 为草绘平面，绘制草绘文字，单击"草绘"选项卡"确定"按钮 ✓。在"拉伸"选项卡中单击"选项"按钮，在"侧 1"下拉列表中选择"到选定的" ⬓，选择杯托的外侧面，在"侧 2"下拉列表中选择"到选定的" ⬓，选择步骤⑬的偏移曲面，

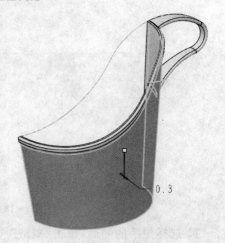

图 3-185　偏移曲面

单击"拉伸"选项卡"确定"按钮 ✓，结果如图 3-186 所示。

⑮ 单击"渲染"选项卡中的"外观库"选项的下三角按钮，在"我的外观区域"选择一个颜色，单击需要添加颜色的曲面，按一下鼠标中键。

⑯ 选择任意一块实体表面并右击，在弹出的快捷菜单中选择"实体曲面"选项，单击"模型"选项卡中的"操作"区域的"复制"按钮 📋复制，再单击"粘贴"按钮 📋粘贴，在弹出的"曲面:复制"选项卡中单击"确定"按钮 ✓。复制的曲面如图 3-187 所示。

⑰ 双击步骤⑯复制的曲面，单击"模型"选项卡中的"编辑"区域的"镜像"按钮 ⅱ镜像，选择 FRONT 平面，弹出"镜像"选项卡，单击"选项"按钮，选择"隐藏原始几何"，单击"确定"按钮 ✓，如图 3-188 所示。

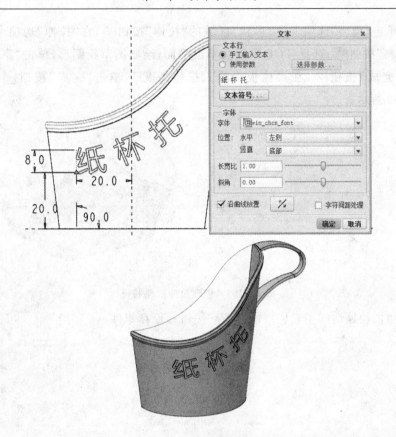

图 3 - 186　创建拉伸特征

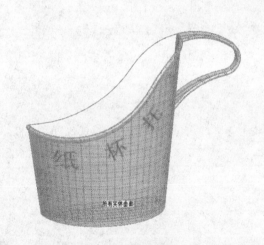

图 3 - 187　复制曲面

图 3 - 188　镜像复制

⑱ 选择步骤⑰镜像复制的曲面,单击"模型"选项卡中的"编辑"区域的"实体化"按钮 实体化,在"实体化"选项卡中单击"完成"按钮 。

⑲ 单击"模型"选项卡中"形状"区域的"拉伸"按钮 ▣，在"拉伸"选项卡中单击"移除材料"按钮 ◪，选择 TOP 平面为草绘平面，绘制图草绘图形，单击"草图"选项卡中的"完成"按钮 ✔，在操控板中输入拉伸高度 1，单击"完成"按钮 ✔，结果如图 3-189 所示。

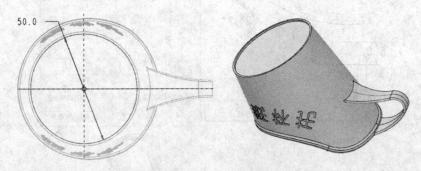

图 3-189　创建拉伸除料特征

⑳ 单击快速访问工具栏中的"保存"按钮 🖫保存零件。

第 4 章　装配与运动仿真

用户完成零件设计后,将设计的零件按设计要求的约束条件或连接方式装配在一起才能形成一个完整的产品或机构装置。利用 Creo Parametric 提供的"组件"模块可实现模型的组装,如图 4-1 所示。在 Creo Parametric 系统中,模型装配的过程就是按照一定的约束条件或连接方式将各零件组装成一个整体并能满足设计功能的过程。

本章知识要点:

☆ 组件的装配方法

☆ 运动仿真的方法

☆ 组件装配和运动仿真的关系

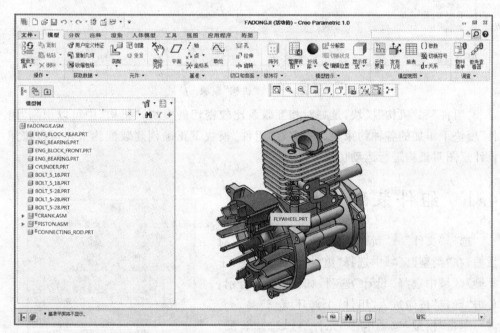

图 4-1　"组件"模块

在进行机械设计时,建立模型后设计者往往需要通过虚拟的手段,在电脑上模拟所设计的机构,来达到在虚拟的环境中模拟现实机构运动的目的,这对于提高设计效率降低成本有很大的作用。Creo Parametric"机构"模块是专门用来进行运动仿真和动态分析的模块,如图 4-2 所示。Creo Parametric 的运动仿真与动态分析功能集成在"机构"模块中，包括 Mechanismdesign（机械设计）和 Mechanismdynamics（机械动态）两个方面的分析功能。

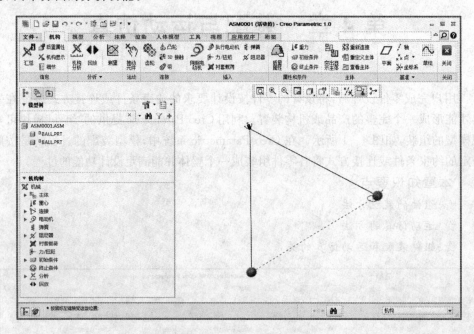

图 4-2 "机构"模块

"组件"和"机构"模块，是一对相互联系比较密切的模块，"机构"中可以识别"组件"模块下添加的各种约束集。只有在"组件"模块下正确创建装配约束才可以按照设计意图对机构进行运动仿真。

4.1 组件装配

选择"文件"→"新建"菜单项，弹出"新建"对话框，在"类型"区域中选择"组件"单选项，在"子类型"区域中选择"设计"选项，如图 4-3 所示，单击"确定"按钮进入"组件"工作环境。

单击"模型"选项卡中"元件"区域的"装配"按钮，弹出"打开"对话框，选择零件，单击"确定"按钮，将需要装配的零件调入到装配环境中并打开"元件放置"选项卡，如图 4-4 所示。

要将某元件在空间内定位，必须限制其在X、Y、Z 三个轴向的平移和旋转。元件的组装过程就是一个将元件用约束条件在空间限位的过

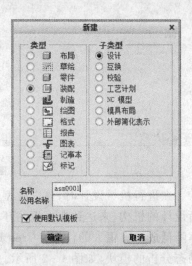

图 4-3 "新建"对话框

140

程。不同的组装模型需要的约束条件不同,完成一个元件的完全定位需要同时满足几种约束条件。

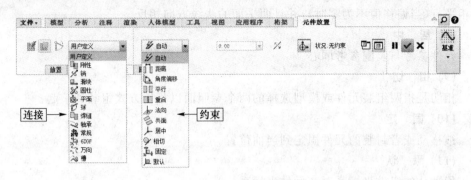

图 4 - 4　装配控制面板

4.1.1　3D 拖动器

当零件被调入到装配环境中并没有添加任何约束时,零件上将会显示 3D 拖动器,如图 4 - 5 所示,拖动箭头,零件可以按箭头方向移动,拖动圆环可以让零件围绕圆周旋转,拖动中心球,零件可以移动到任何位置。

图 4 - 5　3D 拖动器

4.1.2　约　　束

元件常用的多种约束类型分别是:自动、距离、角度偏移、平行、重合、法向、共面、居中、相切、固定和默认。

(1) 自　　动
此项是默认的方式,当选择装配参照后,程序自动以合适的约束进行装配。

(2) 距　　离
将元件装配至距装配参考一定距离的位置。

(3) 角度偏移
将元件参考与装配参考成一个角度。

(4) 平　　行
通过装配参考指定元件参考的装配方向。

(5) 重　　合
将元件参考与装配参考重合。

(6) 法　　向
元件参考与装配参考相互垂直。

141

(7) 共　面

共面是指两组装元件(或模型)所指定的平面、基准平面重合(当偏移值为零时)或相平行(当偏移值不为零时),并且两平面的法线方向相反。

(8) 居　中

元件参考与装配参考同心。

(9) 相　切

相切是指两组装元件或模型选择的两个参照面以相切方式组装到一起。

(10) 固　定

被移动或者封装的元件固定到当前位置。

(11) 默　认

用默认的组件坐标系对齐元件坐标系。

4.1.3　连　接

"连接"其实是一个约束集,是由不同的约束组成,使用"连接"装配的零件根据"连接"中约束的不同而使零件产生不同的自由度。Creo 提供了 12 种连接定义,主要有"销"、"滑块"、"圆柱"、"平面"、"球"、"轴承"、"刚性"、"焊缝"、"常规"、"6DOF"、"槽"、"万向"。

创建"连接"有三个目的:

* 定义"组件模块"将采用哪些放置约束,以便在模型中放置元件。
* 限制主体之间的相对运动,减少系统可能的总自由度(DOF)。
* 定义一个元件在机构仿真中可能具有的运动类型。

(1) "销"连接

"销"连接需要定义两个轴重合,两个平面对齐,元件相对于主体选转,具有一个旋转自由度,没有平移自由度,如图 4-6 所示。

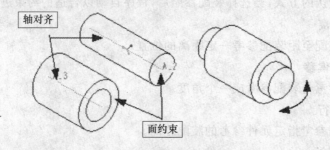

图 4-6　"销"连接

(2) "滑块"连接

"滑块"连接仅有一个沿轴向的平移自由度,滑块连接需要一个轴对齐约束、一个平面匹配或对齐约束以限制连接元件的旋转运动,与销连接正好相反,滑块提供了一个平移自由度,而没有旋转自由度,如图 4 - 7 所示。

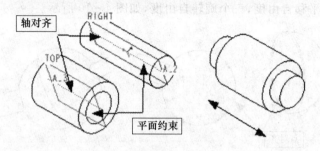

图 4 - 7　"滑块"连接

(3)"圆柱"连接

"圆柱"连接的元件既可以绕轴线相对于附着元件转动,也可以沿着轴线相对于附着元件平移,只需要一个轴对齐约束。圆柱连接提供了一个平移自由度、一个旋转自由度,如图 4 - 8 所示。

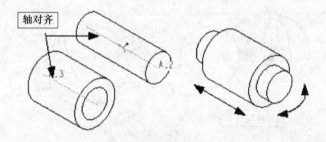

图 4 - 8　"圆柱"连接

(4)"平面"连接

平面连接的元件即可以在一个平面内相对于附着元件移动,也可以绕着垂直于该平面的轴线相对于附着元件转动,只需要一个平面匹配约束,如图 4 - 9 所示。

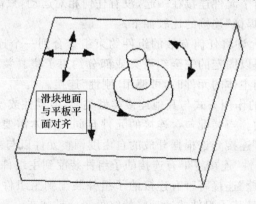

图 4 - 9　"平面"连接

(5)"球"连接

"球"连接的元件在约束点上可以沿附着组件任何方向转动,只允许两点对齐约束,提供了一个平移自由度,三个旋转自由度,如图 4 - 10 所示。

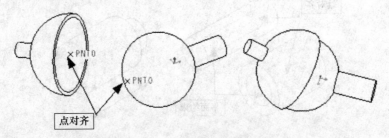

点对齐

图 4 - 10 "球"连接

(6)"轴承"连接

"轴承"连接是通过点与轴线约束来实现的,可以沿三个方向旋转,并且能沿着轴线移动,需要一个点与一条轴约束,具有一个平移自由度、三个旋转自由度,如图 4 - 11 所示。

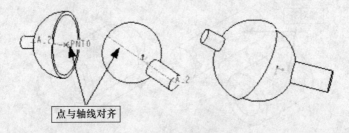

点与轴线对齐

图 4 - 11 "轴承"连接

(7)"刚性"连接

连接元件和附着元件之间没有任何相对运动,六个自由度完全被约束了。

(8)"焊缝"连接

"焊缝"连接将两个元件连接在一起,没有任何相对运动,只能通过坐标系进行约束。"刚性"连接和"焊接"连接的比较如下。

① "刚性"连接允许将任何有效的组件约束组聚合到一个连接类型。这些约束可以是使装配元件得以固定的完全约束集或部分约束子集。装配零件、不包含连接的子组件或连接不同主体的元件时,可使用"刚性"连接。

② "焊缝"连接的作用方式与其他连接类型类似,但零件或子组件的放置是通过对齐坐标系来固定的。当装配包含连接的元件且同一主体需要多个连接时,可使用"焊缝"连接。"焊缝"连接允许根据开放的自由度调整元件以与主组件匹配。

③ 如果使用"刚性"连接将带有连接的子组件装配到主组件,子组件连接将不能运动。如果使用"焊缝"连接将带有连接的子组件装配到主组件,子组件将参照与主组件相同的坐标系,且其子组件的运动将始终处于活动状态。

(9)"常规"连接

创建有两个约束的用户定义的约束集。

(10)"6DOF"连接

"6DOF"连接可绕 3 个轴来进行旋转和平移运动。需要选择零件和组件的坐标系,系统会对齐 2 个坐标系,可以绕着坐标系上的 3 个轴旋转和平移。

(11)"槽"连接

建立槽连接,包含一个点对齐约束,允许沿一条非直线轨迹旋转。

(12)"万向"连接

"万向"连接零件坐标系将相互重合。

4.1.3　分解视图

用户对装配模型使用爆炸视图,可以直观地观察其零件的组成及结构关系。在 Creo Parametric "装配"模块中,单击图形工具栏中"视图管理器"按钮▦,弹出"视图管理"对话框,单击"分解"选项卡中的"新建"按钮,创建一个新的爆炸视图。单击"编辑"下三角按钮,在弹出的下拉菜单中选择"编辑位置"选项,弹出"分解工具"选项卡,利用该选项卡中的工具创建爆炸视图,如图 4-12 所示。

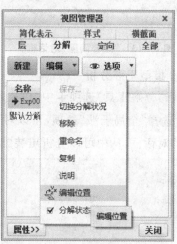

图 4-12　分解视图

4.1.4　间隙与干涉分析

(1)模型间隙分析

单击"分解工具"选项卡中"检查几何"区域的"全局干涉"按钮▨全局干涉 ▾的下三角按钮,可以看到"全局间隙"和"配合间隙"选项,这两种选项可对装配模型进行间隙分析。选择"配合间隙"选项,分析两个相互配合零件之间的间隙,如图 4-13 所示为配合间隙分析对话框;若选取"全局间隙"选项,则对整个装配模型进行间隙分析。在使用"全局间隙"选项时,应设定一个参照间隙,系统将分析出所有不超出该设定值的间隙所在,图 4-14 所示为"全局间隙"对话框。

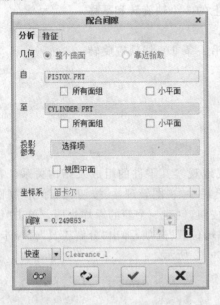

图 4-13 "配合间隙"对话框   图 4-14 "全局间隙"对话框

(2) 模型干涉分析

单击"分解工具"选项卡中"检查几何"区域的"全局干涉"按钮 的下三角按钮,选择"全局干涉"选项,可以对装配模型进行干涉分析,如图 4-15 所示为"干涉分析"对话框,从中可以分析出装配模型中零件间干涉状况。

图 4-15 "全局干涉"对话框

4.2 运动仿真

定义机构的连接方式后,在装配环境下单击"应用程序"选项卡中"运动"区域的"机构"按钮,进入机构运动仿真环境。

4.2.1 建立运动模型

(1) 凸轮

单击"机构"选项卡中"链接"区域的"凸轮"按钮,弹出"凸轮从动机构连接定义"对话框(如图 4 – 16 所示),可以进行凸轮从动机构连接的创建、编辑和删除等操作。

(2) 齿轮

单击"机构"选项卡中"链接"区域的"齿轮"按钮,弹出"齿轮副定义"对话框,如图 4 – 17 所示,在该对话框中可以设置连接轴之间的速度关系。

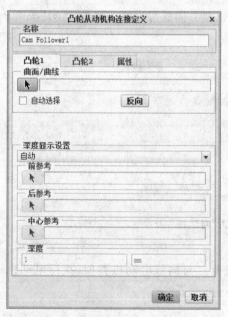

图 4 – 16 "凸轮从动机构连接定义"对话框

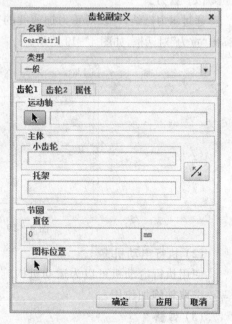

图 4 – 17 "齿轮副定义"对话框

(3) 伺服电动机

伺服电动机可以为机构提供驱动,通过伺服电动机可以实现旋转以及平移运动,并且可以使用函数的方式定义运动轮廓。单击该按钮将弹出"伺服电动机定义"对话框,如图 4 – 18 所示。

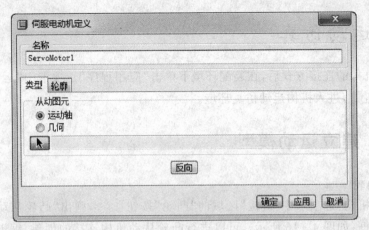

图 4 - 18 "伺服电动机定义"对话框

4.2.2 设置运动环境

(1) 重力

通过重力选线,可以对重力加速度的数值以及方向进行设置。单击"重力"按钮,弹出"重力"对话框,如图 4 - 19 所示。

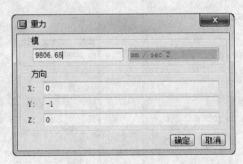

图 4 - 19 "重力"对话框

(2) 执行电动机

使用执行电动机可以为运动机构施加载荷。与伺服电动机类似,执行电动机也需要选取轴施加作用。

(3) 弹簧

通过弹簧可以在运动机构中产生线性弹力,单击"弹簧"按钮,弹出"弹簧"控制面板,如图 4 - 20 所示。

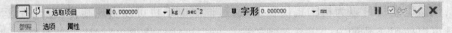

图 4 - 20 "弹簧"控制面板

（4）阻尼器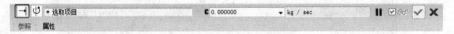

与弹簧不同，阻尼为耗散力，可以作用于连接轴、两主体之间、槽运动等。单击"阻尼器"按钮，弹出"阻尼器"控制面板，如图 4 - 21 所示，其中"C"文本框中填写阻尼系数。

图 4 - 21　"阻尼器"控制面板

（5）力/扭矩

通过该命令可以模拟机构运动的外部环境。单击"力/扭矩"按钮，弹出"力/扭矩定义"对话框，如图 4 - 22 所示。

图 4 - 22　"力/扭矩定义"对话框

（6）初始条件

初始条件包括初始位置和初始速度两个方面，单击"初始条件"按钮，弹出"初始条件定义"对话框，如图 4 - 23 所示。

图 4 - 23　"初始条件定义"对话框

（7）质量属性

运动模型的质量属性包括密度、体积、质量、重心和惯性矩。对于不考虑"力"的情况，例如纯粹的机械运动，可以不设置质量属性。单击"质量属性"按钮，弹出"质量属性"对话框，如图 4 - 24 所示。

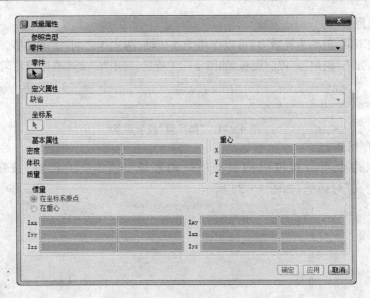

图 4－24 "质量属性"对话框

4.2.3 分 析

(1) 机构分析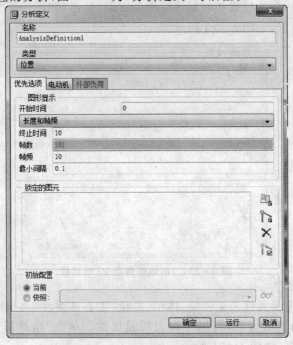

对机构添加相应的要素(如伺服电动机、力/力矩、质量属性)后就可以使用该命令对机构进行相应的分析,图 4－25 为"分析定义"对话框。

图 4－25 "分析定义"对话框

（2）回放

该命令可以实现运动干涉检测、创建运动包络和动态影像捕捉。单击该按钮后弹出如图 4 - 26 所示的"回放"对话框。

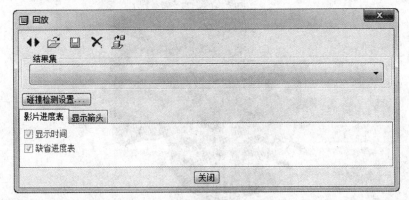

图 4 - 26　"回放"对话框

（3）测量

该命令可以测量机构运动中的精确参数，单击该按钮后弹出如图 4 - 27 所示的"测量结果"对话框。

图 4 - 27　"测量结果"对话框

4.3　综合案例 1：发动机的装配与仿真

综合案例中发动机如图 4 - 28 所示。

图 4 - 28　发动机

4.3.1　案例分析

这是一个简单的发动机装配案例,包含典型的曲柄连杆结构,曲轴带动连杆推动活塞上下往复运动。要注意连杆机构的装配方法,各种约束集的使用方法;要了解装配约束集与运动仿真的关系,以及如何定义运动仿真环境进行运动仿真。

4.3.2　机构装配

① 单击"主页"选项卡中的"新建"按钮🗋,或者选择"文件"→"新建"菜单项,弹出"新建"对话框,在"类型"中选择"装配",将文件名修改成"fadongji",取消"使用默认模板"选项的选中状态,单击"确定"按钮。进入"新建文件选项"对话框,选择模板"mmns_asm_design",单击"确定"按钮,完成新建文件设置。

② 单击"模型"选项卡中"元件"区域的"装配"按钮🗾,弹出"打开"对话框。选择零件 eng_block_rear.prt,单击"打开"按钮将零件调入到装配件环境中,在"元件放置"选项卡的"自动"约束列表中选择"默认"约束,此约束将零件坐标系与装配环境中的默认坐标系对齐,单击"确定"按钮,如图 4 - 29 所示。

③ 单击"模型"选项卡中"元件"区域的"装配"按钮🗾,弹出"打开"对话框。选择零件 eng_bearing.prt,单击"打开"按钮将零件调入到装配环境中。选择零件的圆柱面以及零件 eng_block_rear.prt 的中心孔圆柱面,生成"重合"约束,生成"插入"约束,选择零件 eng_bearing.prt 的端面以及零件 eng_block_rear.prt 的中心孔端面生

成"匹配"约束,单击"确定"按钮,如图 4 - 30 所示。

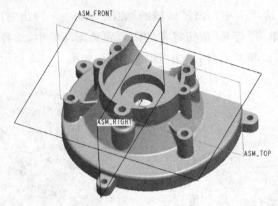

图 4 - 29　装配零件 eng_block_ rear. prt

图 4 - 30　装配零件 eng_bearing. prt

④ 单击"模型"选项卡"元件"区域的"装配"按钮，弹出"打开"对话框。选择零件 eng_ block_front. prt,单击"打开"按钮将零件调入到装配环境中,选择零件的圆柱面以及零件 eng_block_rear. prt 的孔圆柱面,选择零件 eng_ block_front. prt 的端面以及零件 eng_block_rear. prt 的端面,生成"匹配"约束,单击"确定"按钮,如图 4 - 31 所示。

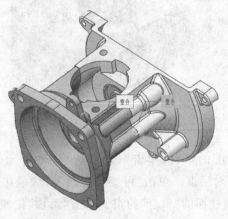

图 4 - 31　装配零件 eng_block_rear. prt

⑤ 使用步骤③中的方法装配第二个 eng_bearing. prt，如图 4 - 32 所示。

⑥ 单击"模型"选项卡中"元件"区域的"装配"按钮🔧，弹出"打开"对话框。选择零件 cylinder. prt，单击"打开"按钮将零件调入到装配环境中，选择两孔的圆柱面，相互重合，选择零件端面相互重合，单击"确定"按钮，如图 4 - 33 所示。

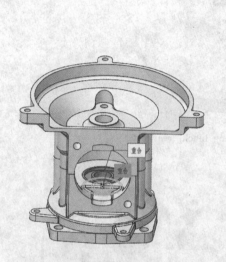

图 4 - 32　装配零件 eng_bearing. prt

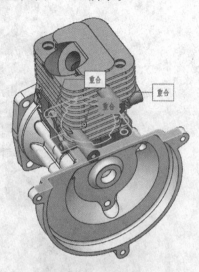

图 4 - 33　装配零件 cylinder. prt

⑦ 单击"模型"选项卡中"元件"区域的"装配"按钮🔧，弹出"打开"对话框。选择零件 bolt_5_18. prt，单击"打开"按钮将零件调入到装配环境中，使用一个"插入"约束和一个"匹配"约束，将螺栓装配到机构中，如图 4 - 34所示。

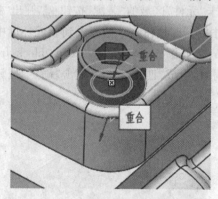

图 4 - 34　装配螺钉

⑧ 选择步骤⑦装配的螺钉，单击"模型"选项卡中"元件"区域的"重复"按钮🔄重复，弹出"重复元件"对话框。单击"可变装配参考"区域中的"重合"，该"重合"指的是螺栓圆柱面与孔圆柱面的"重合"约束。单击"添加"按钮，选择机构中另一个要装配螺栓孔的圆柱面。

⑨ 使用步骤⑦和步骤⑧中的方法装配另一个螺栓 bolt - 5 - 28. prt,如图 4 - 36
所示。

图 4 - 35 "重复元件"对话框　　　　图 4 - 36 装配螺栓

⑩ 单击"模型"选项卡中"元件"区域的"装配"按钮，弹出"打开"对话框。选择
子装配 caank. asm,单击"打开"按钮将零件调入到装配环境中,在"用户定义"连接列
表中选择"销"连接,选择相应的圆柱曲面以及对齐的基准平面,如图 4 - 37 所示。

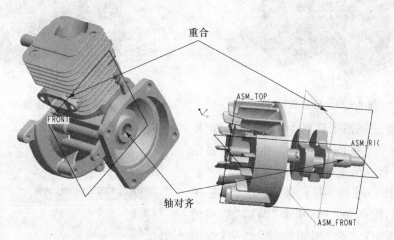

图 4 - 37 装配 caank. asm

⑪ 单击"模型"选项卡中"元件"区域的"装配"按钮，弹出"打开"对话框。选择
子装配 piston. asm,单击"打开"按钮将零件调入到装配环境中,在"用户定义"连接列
表中选择"圆柱"连接,选择相应的圆柱曲面,如图 4 - 38 所示。

⑫ 单击"模型"选项卡中"元件"区域的"装配"按钮，弹出"打开"对话框。选择子零件 connecting. prt，单击"打开"按钮将零件调入到装配环境中，在"用户定义"连接列表中选择"销"连接，将连杆的大头与曲轴连接，如图 4-39 所示。单击"元件放置"选项卡中的"放置"按钮，单击"新建集"选项，列表中将出现一个新的"销"连接，选择该"销"连接，在右侧的"集类型"下拉列表中选择"圆柱"，选择连杆的小孔的圆柱面和活塞销的圆柱面，结果如图 4-40 所示。

图 4-38　装配 piston. asm

图 4-39　连接曲轴

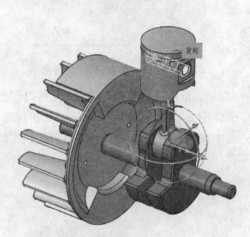

图 4-40　连接活塞

⑬ 单击图形工具栏中"视图管理器"按钮，弹出"视图管理器"对话框，如图 4-41 所示。单击"分解"选项卡，单击"新建"按钮，创建一个新的分解视图 Exp0001，按 Enter 键，单击"编辑"选项的下三角按钮，选择"编辑位置"选项，弹出"分解工具"选项卡，如图 4-42 所示。

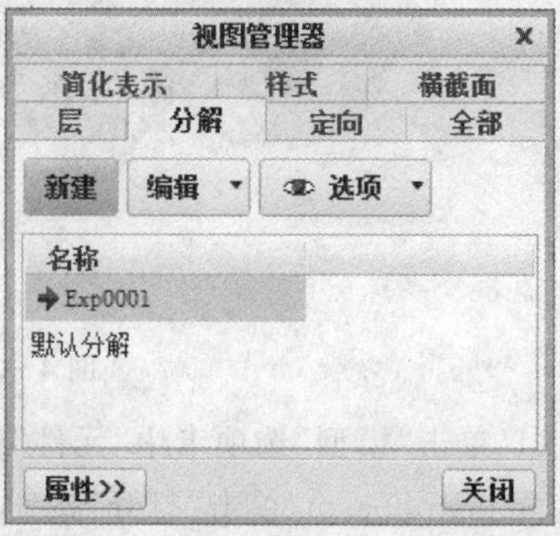

⑭ 在"分解工具"对话框中单击"编辑位置"按钮，选择需要分解的零件，选择后该零件上会出现一个坐标系，拖动坐标

视图管理器

简化表示　　样式　　横截面
层　　分解　　定向　　全部

新建　编辑 ▼　　👁 选项 ▼

名称
➔ Exp0001
默认分解

属性>>　　　　关闭

图 4-41　"视图管理器"对话框

系中各轴,零件则按照轴的方向进行移动。移动完成后单击"确定"按钮,零件如图 4 - 43 所示。

图 4 - 42　"分解工具"选项卡

图 4 - 43　分解视图

⑮ 在"分解位置"对话框中单击"确定"按钮,返回"视图管理器"对话框。单击《 ... 》按钮,右击 Exp0001 选项,在弹出的快捷菜单中选择"保存"选项(如图 4 - 44 所示),弹出"保存显示元素"对话框,勾选"方向"选项,单击"确定"按钮,如图 4 - 45 所示。在"视图管理器"对话框中单击"关闭"按钮。

图 4 - 44　"视图管理器"对话框

图 4 - 45　"保存显示元素"对话框

4.3.3 运动仿真

① 选择“应用程序”选项卡中“运动”区域的“机构”按钮，进入机构仿真环境。

② 单击“机构”选项卡中“插入”区域的“伺服电动机”按钮，弹出“伺服电动机定义”对话框，如图 4－46 所示。选择曲轴上的“销”连接，单击“轮廓”选项卡，在下拉列表中选择“速度”选项，在“模”区域的“A”文本框中输入 100，单击“确定”按钮。

③ 单击“机构”选项卡中“机构”区域的“机构分析”按钮，弹出“分析定义”对话框，在“终止时间”文本框中输入 20，单击“运行”按钮，如图 4－47 所示。

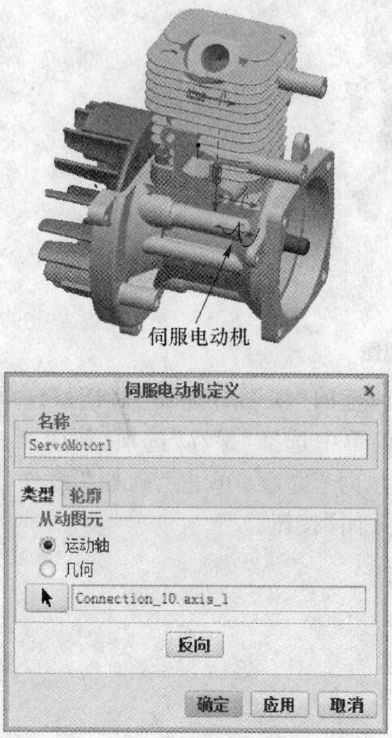

图 4－46　添加伺服电动机

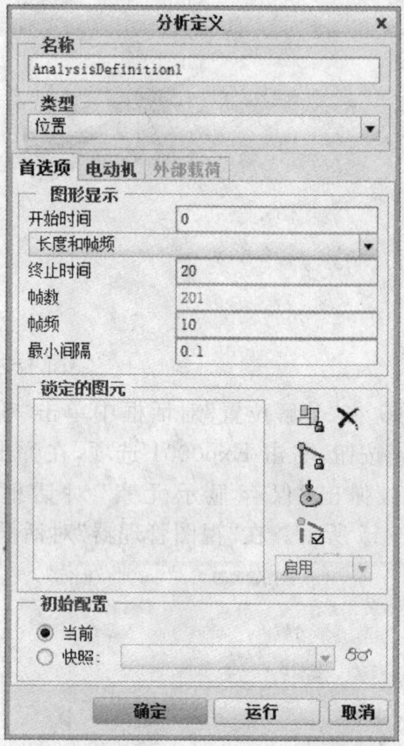

图 4－47　“分析定义”对话框

4.4　综合案例 2：千斤顶的装配与仿真

综合案例 2 千斤顶如图 4－48 所示。

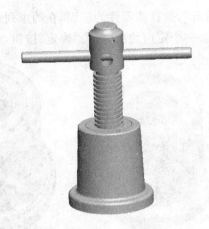

图 4-48　千斤顶

4.4.1　案例分析

千斤顶的零件比较少,结构比较简单,装配时要注意选择为了运动仿真使用的装配约束集的类型。

4.4.2　机构装配

① 单击"主页"选项卡中的"新建"按钮 □ ,或者选择"文件"→"新建"菜单项,弹出"新建"对话框,在"类型"中选择"装配",将文件名修改成"qianjinding",取消"使用默认模板"选项的选中状态,单击"确定"按钮。进入"新建文件选项"对话框,选择模板"mmns_asm_design",单击"确定"按钮,完成新建文件设置。

② 单击"模型"选项卡中"元件"区域的"装配"按钮 ,弹出"打开"对话框。选择零件 edizuo. prt,单击"打开"按钮将零件调入到装配件环境中,在"元件放置"选项卡中的"自动"约束列表中选择"默认"约束,此约束将零件坐标系与装配环境中的默认坐标系对齐,单击"确定"按钮,如图 4-49 所示。

③ 单击"模型"选项卡中"元件"区域的"装配"按钮 ,弹出"打开"对话框。选择零件 luotao. prt,单击"打开"按钮将零件调入到装配环境中,选择两个零件的轴

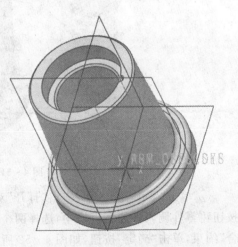

图 4-49　装配底座

159

线,在约束列表中选择"重合",选择两零件的端面,在约束列表中选择"重合",选择定位销孔的两个圆柱面,添加一个定向约束,单击"确定"按钮,如图 4-50 所示。

图 4-50 装配螺套

④ 单击"模型"选项卡中"元件"区域的"装配"按钮,弹出"打开"对话框。选择子零件 luoxuangan. prt,单击"打开"按钮将零件调入到装配环境中,在"用户定义"连接列表中选择"圆柱"连接,选择螺杆的轴线与螺套轴线,单击"元件放置"选项卡中的"放置"按钮,单击"新建集"选项,列表中将出现一个新的"圆柱"连接,选择该"圆柱"连接,在右侧的"集类型"下拉列表中选择"槽",选择连杆的小孔的圆柱面和活塞销的圆柱面,结果如图 4-51 所示。

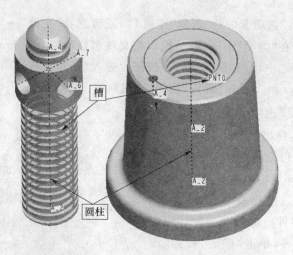

图 4-51 装配螺杆

⑤ 单击"装配"按钮,弹出"打开"对话框。选择零件 jingdian. prt,单击"打开"按钮将零件调入到装配环境中,选择两个零件的轴线以及两个零件的端面,生成"重合"约束,单击"确定"按钮,如图 4-52 所示。

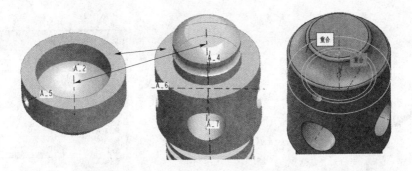

图 4 - 52　装配 jingdian. prt

⑥ 单击"装配"按钮 ，弹出"打开"对话框。选择零件，单击"打开"按钮将零件调入到装配环境中，选择两个零件的轴线，生成"插入"约束，选择两零件的基准平面，生成"匹配"约束，单击"完成"按钮，如图 4 - 53 所示。

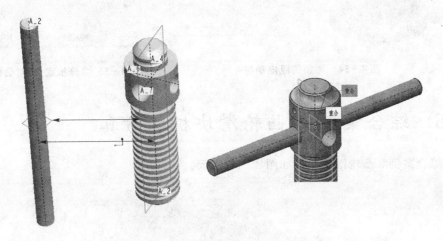

图 4 - 53　装配 jiaogang. prt

4.4.3　运动仿真

① 选择"应用程序"选项卡中"运动"区域的"机构"按钮 ，进入机构仿真环境。

② 单击"机构"选项卡中"插入"区域的"伺服电动机"按钮 ，弹出"伺服电动机定义"对话框，如图 4 - 54 所示。选择曲轴上的"圆柱"连接，单击"轮廓"选项卡，在下拉列表中选择"速度"，在"模"区域的"A"文本框中输入 100，单击"确定"按钮。

③ 单击"机构"选项卡中"机构"区域的"机构分析"按钮 ，弹出"分析定义"对话框。在"终止时间"文本框中输入 20，单击"运行"按钮，如图 4 - 55 所示。

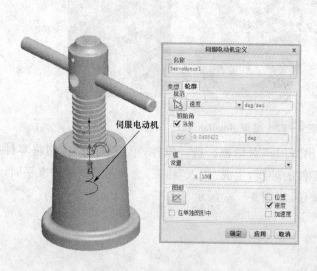

伺服电动机

图 4 - 54　添加伺服电动机

图 4 - 55　"分析定义"对话框

4.5　综合案例 3：凸轮滑块机构仿真

综合案例 3 凸轮滑块机构如图 4 - 56 所示。

图 4 - 56　凸轮滑块机构

4.5.1　案例分析

　　该机构包含了凸轮机构以及滑块机构,在定义凸轮运动仿真的时候要注意凸轮的链接方法,滑块机构定义时要注意装配连接集的使用。

4.5.2　机构装配

　　① 单击"主页"选项卡中的"新建"按钮 ,或者选择"文件"→"新建"菜单项,弹出"新建"对话框,在"类型"中选择"装配",将文件名修改成"tulunhuakuai",取消"使用默认模板"选项的选中状态,单击"确定"按钮。进入"新建文件选项"对话框,选择模板"mmns_asm_design",单击"确定"按钮,完成新建文件设置。

　　② 单击"模型"选项卡中"元件"区域的"装配"按钮 ,弹出"打开"对话框。选择零件 base.prt,单击"打开"按钮将零件调入到装配件环境中,在"元件放置"选项卡中的"自动"约束列表中选择"默认"约束,此约束将零件坐标系与装配环境中的默认坐标系对齐,单击"确定"按钮,如图 4 - 57 所示。

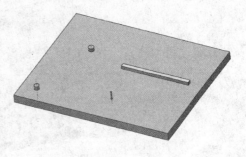

图 4 - 57　装配 base.prt

　　③ 单击"模型"选项卡中"元件"区域的"装配"按钮 ,弹出"打开"对话框。选择零件 cam_driver.prt,单击"打开"按钮将零件调入到装配环境中,在"用户定义"连接列表中选择"销"连接,选择相应的轴,以及对齐的平面,如图 4 - 58 所示。

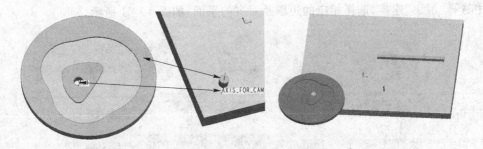

图 4 - 58　装配 cam_driver.prt

　　④ 单击"模型"选项卡中"元件"区域的"装配"按钮 ,弹出"打开"对话框。选择零件 follower_slot.prt,单击"打开"按钮将零件调入到装配环境中,在"用户定义"下拉列表中选择"销"连接,选择相应的轴,以及对齐的平面,如图 4 - 59 所示。

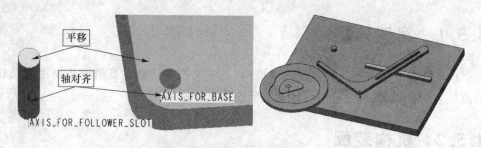

图 4 - 59　装配 follower_slot. prt

⑤ 单击"模型"选项卡中"元件"区域的"装配"按钮，弹出"打开"对话框。选择零件 follower. prt，单击"打开"按钮将零件调入到装配环境中，在"用户定义"连接列表中选择"销"连接，选择相应的轴，以及对齐的平面，如图 4 - 60 所示。

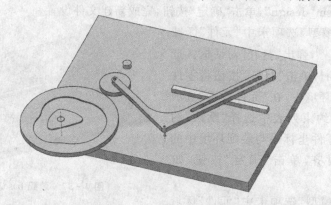

图 4 - 60　装配 follower. prt

⑥ 单击"模型"选项卡中"元件"区域的"装配"按钮，弹出"打开"对话框。选择零件 slider. prt，单击"打开"按钮将零件调入到装配环境中，在"用户定义"连接列表中选择"滑块"连接，选择相应的边以及对齐的平面，如图 4 - 61 所示。

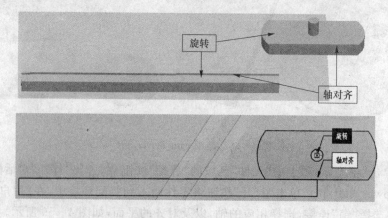

图 4 - 61　装配 slider. prt

4.5.3　运动仿真

① 选择"应用程序"选项卡中"运动"区域的"机构"按钮 🕸，进入机构仿真环境。

② 单击"机构"选项卡中"连接"区域的"凸轮"按钮 🔩凸轮，弹出"凸轮从动机构连接定义"对话框，在"凸轮 1"和"凸轮 2"选项卡中选择相互接触的曲面，单击"确定"按钮，如图 4 - 62 所示。

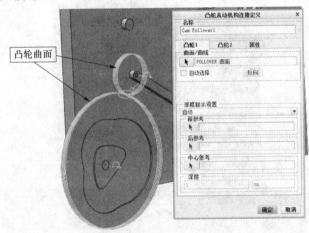

图 4 - 62　创建凸轮连接

③ 单击"机构"选项卡中"连接"区域的"凸轮"按钮 🔩凸轮，弹出"凸轮从动机构连接定义"对话框，在"凸轮 1"和"凸轮 2"文本框中分别选择相互接触的曲面，单击"确定"按钮，如图 4 - 63 所示。

④ 单击"机构"选项卡中"插入"区域的"弹簧"按钮 ⬘，按住 Ctrl 键，单击鼠标选中两点，在"弹簧"选项卡中的 K 文本框中输入 0.05，在 U 文本框中输入 30，单击"确定"按钮，如图 4 - 64 所示。

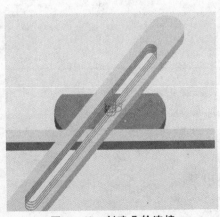

图 4 - 63　创建凸轮连接

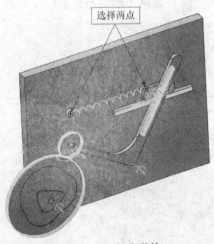

图 4 - 64　创建弹簧

⑤ 单击"机构"选项卡中"插入"区域的"伺服电动机"按钮 🔘，弹出"伺服电动机定义"对话框。选择曲轴上的"圆柱"连接，单击"轮廓"选项卡，在下拉列表中选择"速度"，在"模"区域的"A"文本框中输入 100，单击"确定"按钮。添加的电动机如图 4-65 所示。

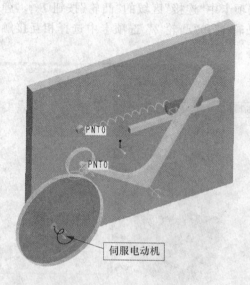

图 4-65 添加电动机

⑥ 单击"机构"选项卡中"机构"区域的"机构分析"按钮 🔲，弹出"分析定义"对话框，在"终止时间"栏中输入 20，单击"运行"按钮。

4.6 综合案例 4：摆动的小球运动仿真

综合案例 4 摆动小球如图 4-66 所示。

图 4-66 摆动的小球

4.6.1 案例分析

这是一个摆动小球的动力学运动仿真案例,小球在重力作用下反复摆动并发生弹性碰撞。学习该案例时要注意重力环境的创建方法。

4.6.1 机构装配

① 单击"主页"选项卡中的"新建"按钮 🗋,或者选择"文件"→"新建"菜单项,弹出"新建"对话框,在"类型"中选择"装配",将文件名修改成"baidongxiaoqiu",取消"使用默认模板"选项的选中状态,单击"确定"按钮。进入"新建文件选项"对话框,选择模板"mmns_asm_design",单击"确定"按钮,完成新建文件设置。

② 单击"模型"选项卡"基准"区域中"轴"按钮 ⟋,按住 Ctrl 键,弹出"基准轴"对话框,选择 ASM_TOP、ASM_RIGHT 基准平面,单击"确定"按钮,如图 4-67 所示。

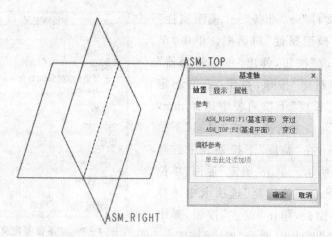

图 4-67 创建基准轴

③ 单击"装配"按钮 🗐,弹出"打开"对话框。选择零件 ball.prt,单击"打开"按钮将零件调入到装配环境中,在用户定义连接列表中选择"销"连接,选择相应的轴以及对齐的平面,如图 4-68 所示。

④ 选择步骤③装配的 ball.prt,单击"模型"选项卡中"元件"区域的"重复"按钮 🔘 重复,弹出"重复元件"对话框。单击"可变装配参考"区域中的"重合",该"重合"指的是两个轴的"重合"约束。单击"添加"按钮,选择步骤②中创建的轴。单击"元件"区域中"拖动元件"按钮 🖑,单击零件,移动鼠标在适当位置单击,如图 4-69 所示。

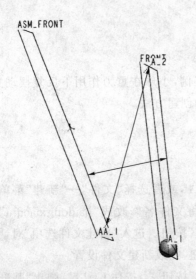

图 4 - 68　装配 ball. prt

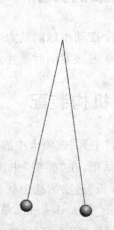

图 4 - 69　重复装配 ball. prt

⑤ 选择"文件"→"准备"→"模型属性"菜单项,弹出"模型属性"对话框。单击"单位"右侧的"更改"按钮,弹出"单位管理器"对话框,单击"新建"按钮,弹出"单位制定义"对话框,在"长度"下拉列表中选择 mm,在"质量"下拉列表中选择 g,在"时间"下拉列表中选择 sec,在"温度"下拉列表中选择 C,如图 4 - 70 所示。单击"确定"返回"单位管理器"对话框,在"单位制"选项卡中选择新创建的单位模板,单击"设置"按钮,弹出"改变模型单位"对话框,单击"确定"按钮。

图 4 - 70　"单位制定义"对话框

4.6.2　运动仿真

① 选择"应用程序"选项卡中"运动"区域的"机构"按钮，进入机构仿真环境。

② 单击"凸轮"按钮，弹出"凸轮从动机构连接定义"对话框。在"凸轮 1"和"凸轮 2"选项卡中选择小球上的两根曲线,单击"属性"选项卡,勾选"启用升离"选项,在"e="文本框中输入 0.9,勾选"启用摩擦"选项,在 μ_s 和 μ_k 文本框中分别输入参数 0.5 和 0.3,单击"确定"按钮,如图 4 - 71 所示。

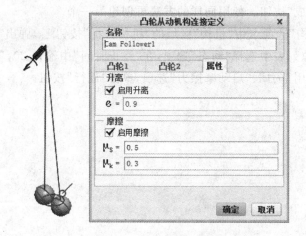

图 4 - 71　添加"凸轮"连接

③ 单击"机构"选项卡中"运动"区域的"拖动元件"按钮 ，弹出"拖动"对话框，将两个小球拖动一个角度，单击"拖动"对话框"快照"展开按钮，单击"拍下当前配置的快照"按钮 ，单击"确定"按钮，如图 4 - 72 所示。

④ 单击"机构"选项卡中"属性与条件"区域的"初始条件"按钮 ，弹出"初始条件定义"对话框，在"快照"的下拉列表中选择步骤③创建的快照，单击"确定"按钮，如图 4 - 73 所示。

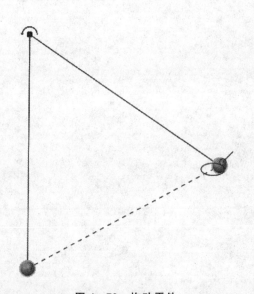

图 4 - 72　拖动零件

图 4 - 73　"初始条件定义"对话框

⑤ 单击"机构"选项卡中"插入"区域的"阻尼器"按钮 ，在"阻尼器"选项卡中单击"阻尼器旋转运动"按钮 ，选择模型中的"销"连接，在 C 文本框中输入

100000，单击"完成"按钮。使用同样的方法再创建另一个。

⑥ 单击"机构"选项卡中"机构"区域的"机构分析"按钮，弹出"分析定义"对话框，在"类型"下拉列表中选择"动态"选项，在"终止时间"中输入 20，单击"外部载荷"选项卡，选择"启用重力"、"启动摩擦力"选项，单击"运行"按钮。

第 5 章　曲面设计

对于绝大多数机械类零件来说使用实体设计命令即可方便地建立模型。但是对于形状复杂的产品模型,如手机外壳、鼠标外壳、玩具外形等,很难通过实体直接实现其造型,为了解决此类问题,Creo Parametric 软件提供了强大而灵活的曲面功能。

本章知识要点:

☆　基本曲面特征和高级曲面特征的创建方法

☆　曲面编辑命令的使用方法

☆　实体和曲面综合运用的方法

Creo Parametric 软件的建模环境是实体—曲面混合式的,并且在命令组织上采用高度集中方法,因此曲面命令的分布较为凌乱。

曲面命令包括曲线曲面命令、曲线曲面编辑命令和曲面实体化命令等三类,另外软件提供了专门的造型曲面构建环境,提供更为灵活、自由的曲面造型方法。表 5-1 列出了曲面造型的主要命令。

表 5-1　曲面造型命令

命令类型		命令	分布菜单
常规曲线曲面建模	曲线	曲线、草绘曲线	"模型"选项卡"基准"区域
	与实体集成	拉伸、旋转、混合、扫描、变截面扫描、螺旋扫描	"模型"选项卡"形状"区域
	专用曲面	填充曲面、边界混合	"模型"选项卡"曲面"区域
造型		造型曲面、造型曲线	"模型"选项卡"曲面"区域
曲线曲面编辑		投影、相交、延伸、偏移、合并、修剪	"模型"选项卡"编辑"区域
曲面实体化		加厚、曲面实体化	"模型"选项卡"编辑"区域

171

5.1   曲面设计案例 1:足球

曲面设计案例 1 足球如图 5-1 所示。

图 5-1   足   球

5.1.1   案例分析

足球是一个简单的曲面设计案例,使用的都是一般的曲面命令,需要先搭建线架,再创建曲面。案例中要重点了解的命令包括"相交"、"偏移"、"边界混合"和"合并"。

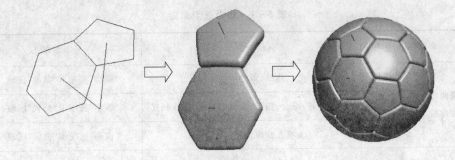

图 5-2   设计流程

5.1.2   知识点介绍:相交、边界混合、合并

该案例中要重点了解的命令包括"相交"、"边界混合"和"合并"。

1. 相   交

单击"模型"选项卡中"编辑"区域的"相交"按钮 相交 ,启动该命令。该命令在默认状态下并不被激活,只有选择适当的图元后才会被激活。在本案例中选择两个相交的曲面后,再执行该命令,则创建一条交线,这是该命令其中一个功能,也就是可以创建曲面的交线,效果如图 5-3 所示。

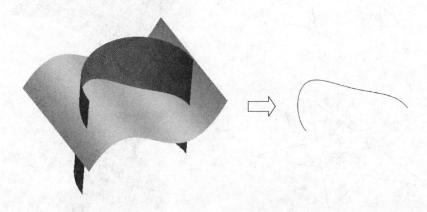

图 5-3　创建相交曲线

"相交"命令除了创建曲面交线外,还有一个比较特殊的功能,将在后面的勺子案例中继续讲解。

2. 边界混合 1

单击"模型"选项卡中"曲面"的区域"边界混合"工具 ,可在参照实体(它们在一个或两个方向上定义曲面)之间创建边界混合的特征。在每个方向上选定的第一个和最后一个图元定义曲面的边界。添加更多的参照图元(如控制点和边界条件)能使用户更完整地定义曲面形状。

选取参照图元的规则如下。

① 曲线、件边、基准点、曲线或边的端点可作为参照图元使用。

② 在每个方向上,都必须按连续的顺序选择参照图元。不过,可以对参照图元进行重新排序。

③ 对于在两个方向上定义的混合曲面来说,其外部边界必须形成一个封闭的环,这意味着外部边界必须相交。若边界不终止于相交点,Creo Parametric 将自动修剪这些边界,并使用有关部分。

④ 为混合而选的曲线不能包含相同的图元数。

⑤ 边界不能只在第二方向定义。对于在一个方向上混合的边界,确保使用"第一方向"选项,如图 5-4 所示。

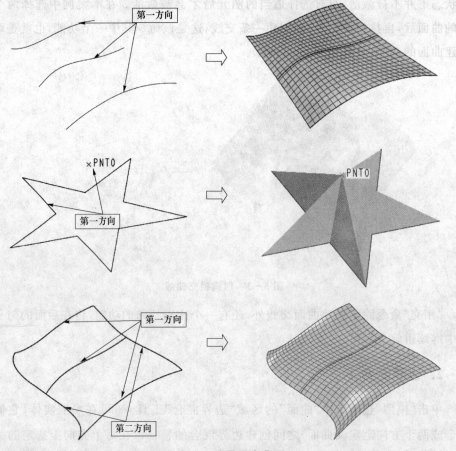

图 5-4　边界混合曲面

3. 合　并

此功能可以将两个曲面合并,产生一个曲面面组。选取两个曲面片,单击"模型"选项卡中"编辑"区域的"合并"按钮 ⑤合并 ,选择合并曲面的方向,单击"合并"选项卡中的"确定"按钮 ✓ 或单击鼠标中键,即产生合并曲面,如图 5-5 所示。

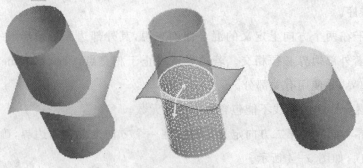

图 5-5　曲面合并

5.1.3 操作步骤

① 单击"模型"选项卡中"基准"区域的"草绘"按钮，选择 TOP 平面为草绘平面，绘制如图 5-6 所示的草图。

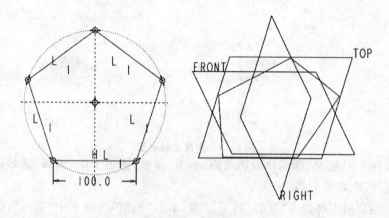

图 5-6 绘制草图

② 单击"模型"选项卡中"形状"区域的"旋转"按钮，在"旋转"选项卡中单击"曲面"按钮，选择 TOP 平面为草绘平面，绘制如图 5-7 所示的草图，在"旋转"选项卡中输入旋转角度-90，单击"完成"按钮，如图 5-8 所示。

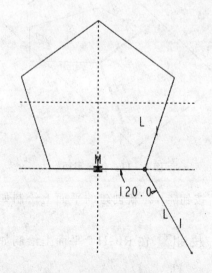

图 5-7 绘制草图

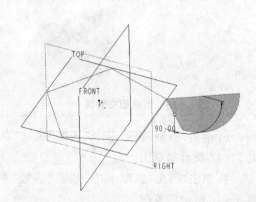

图 5-8 创建旋转曲面

③ 使用同样的方法绘制另一块旋转曲面,如图 5-9 所示。

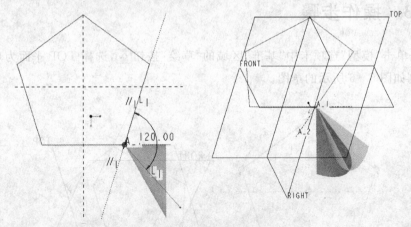

图 5-9　创建旋转曲面

④ 按住 Ctrl 键,选择两块旋转曲面,单击"模型"选项卡中"编辑"区域的"合并"按钮 ,结果如图 5-10 所示。

⑤ 在模型树中将两个"旋转"特征隐藏,单击"模型"选项卡中"基准"区域的"平面"按钮 ,选择一条五边形的边以及相交直线,如图 5-11 所示。

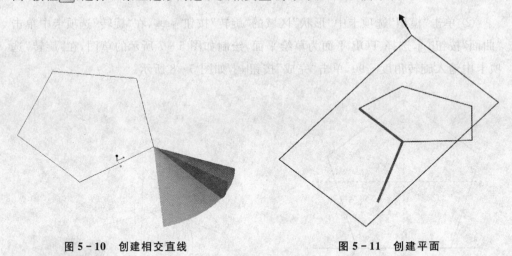

图 5-10　创建相交直线　　　　　图 5-11　创建平面

⑥ 单击"模型"选项卡中"基准"区域"草绘"按钮 ,在新创建的平面上绘制如图 5-12 所示的草图。

⑦ 单击"模型"选项卡中"基准"区域"草绘"按钮 ,在 RIGHT 平面上绘制如图 5-13 所示的草图。

⑧ 单击"模型"选项卡中"曲面"区域的"边界混合"工具 ,按住 Ctrl 键,选择多边形以及其垂直于该多边形的直线的一个端点,单击"边界混合"选项卡中的"确定"按钮 ,如图 5-14 所示。

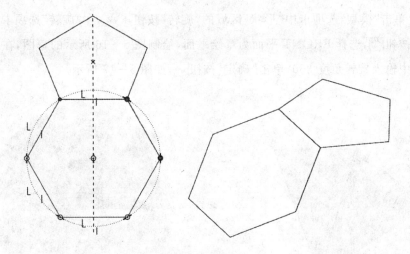

图 5 - 12 绘制草图

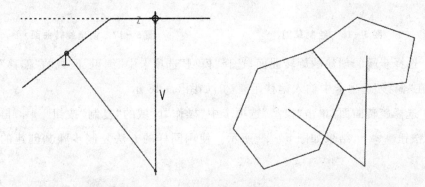

图 5 - 13 绘制草图

⑨ 使用同样的方法绘制另一个边界混合曲面,如图 5 - 15 所示。

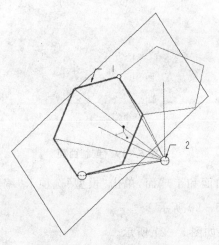

图 5 - 14 创建边界混合曲面

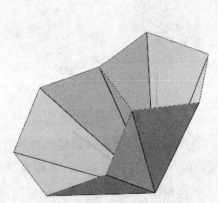

图 5 - 15 创建边界混合曲面

⑩ 单击"模型"选项卡中"形状"区域的"旋转"按钮 旋转，在"旋转"选项卡中单击"曲面"按钮，选择 FRONT 平面为草绘平面，绘制图 5-16 所示的草图，在"旋转"选项卡中输入旋转角度 360，单击"确定"按钮，如图 5-17 所示。

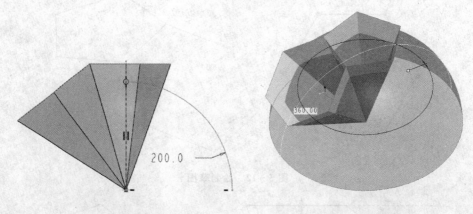

图 5-16　绘制草图　　　　　　　　　　图 5-17　创建旋转曲面

⑪ 选择步骤⑩创建的旋转曲面，选择"模型"选项卡中"编辑"区域的"偏移"按钮 偏移，在"偏移"选项卡中输入偏移距离 20，如图 5-18 示。

⑫ 选择旋转曲面，单击"模型"选项卡中"操作"区域的"复制"按钮 复制，再单击"粘贴"按钮 粘贴，结果如图 5-19 所示。使用同样的方法复制步骤⑪创建的偏移曲面。

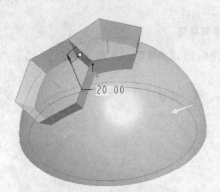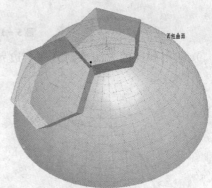

图 5-18　创建偏移曲面　　　　　　　　图 5-19　复制曲面

⑬ 按住 Ctrl 键，选择创建的边界混合曲面和半球面，单击"模型"选项卡"编辑"区域中的"合并"按钮 合并，合并曲面，如图 5-20 所示。

⑭ 使用同样的方法合并其他曲面，结果如图 5-21 所示。

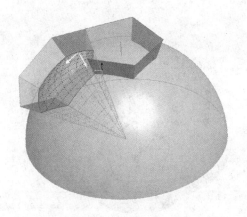

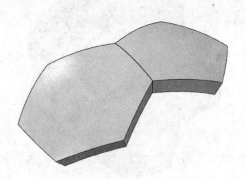

图 5 - 20　合并曲面　　　　　　　　　　　　　图 5 - 21　合并曲面

⑮ 单击"模型"选项卡中"工程"区域的"圆角"按钮 ，选择曲面的边线,创建半径为 10 的圆角,如图 5 - 22 所示。

⑯ 选择六边形曲面,单击"模型"选项卡中"操作"区域的"复制"按钮 ，再单击"粘贴"按钮 的下三角按钮,单击"选择性粘贴"按钮 ，单击"移动(复制)"选项卡中"相对选择参照旋转特征"按钮 ，选择垂直于五边形的草绘直线,输入旋转角度 72,取消"选项"下的"隐藏原始几何"选项的选中状态,单击"确定"按钮 ，如图 5 - 23 所示。

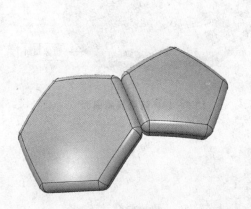

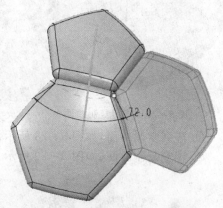

图 5 - 22　创建圆角　　　　　　　　　　　图 5 - 23　创建选择性粘贴曲面

⑰ 在模型树中选择步骤⑯创建的特征,单击"模型"选项卡中"编辑"区域的"阵列"按钮 ，在类型中选择"轴",输入阵列个数 4,角度 72,结果如图 5 - 24 所示。

⑱ 选择五边形曲面,单击"模型"选项卡中"操作"区域的"复制"按钮 ，再单击"粘贴"按钮 的下三角按钮,单击"选择性粘贴"按钮 ，单击"移动(复制)"选项卡中"相对选择参照旋转特征"按钮 ，选择垂直于六边形的草绘直线,输入旋转角度 120,将"选项"下的"隐藏原始几何"选项去掉,单击"确定"按钮 ，如图 5 - 25 所示。

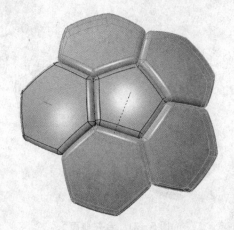

图 5-24　阵列复制曲面

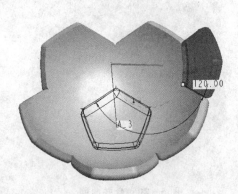

图 5-25　创建旋转曲面

⑲ 使用阵列命令阵列复制步骤⑱创建的曲面,如图 5-26 所示。

⑳ 选择六边形面组,单击"模型"选项卡中"编辑"区域的"镜像"按钮 镜像,选择镜像面,单击"确定"按钮 ☑,结果如图 5-27 所示。

图 5-26　阵列复制曲面

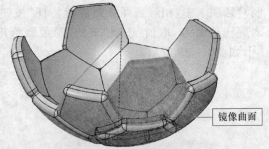

镜像曲面

图 5-27　镜像复制曲面

㉑ 阵列复制曲面,如图 5-28 所示。

㉒ 镜像复制曲面,如图 5-29 所示。

图 5-28　阵列复制曲面

图 5-29　镜像复制曲面

㉓ 阵列复制曲面,如图 5-30 所示。

㉔ 镜像复制五边形曲面,如图 5-31 所示。

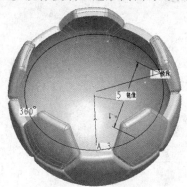

图 5-30　阵列复制曲面

图 5-31　镜像复制曲面

㉕ 阵列复制曲面,如图 5-32 所示。

㉖ 镜像复制曲面,如图 5-33 所示。

图 5-32　阵列复制曲面

图 5-33　镜像复制曲面

㉗ 阵列复制曲面,如图 5-34 所示。

㉘ 镜像复制曲面,结果如图 5-35 所示。

图 5-34　阵列复制曲面

图 5-35　镜像复制曲面

5.2 曲面设计案例 2：反光镜

曲面设计案例 2 反光镜模型如图 5 - 36 所示。

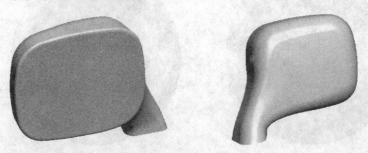

图 5 - 36 反光镜

5.2.1 案例分析

该案例是一个曲面和实体相结合的设计案例，操作步骤比较多，但是使用的命令都比较简单。学习该案例的过程中要了解曲面连续性的概念，要知道如何创建具有连续性的曲面。案例中要重点了解的命令包括"曲线"、"边界混合"、"投影"、"实体化"。案例设计流程如图 5 - 37 所示。

图 5 - 37 设计流程

5.2.2 知识点介绍：投影、边界混合、实体化

案例中要重点了解的命令包括"投影"、"边界混合"、"实体化"。

1. 投 影

若要在指定的曲面上创建基准曲线，且该曲线完全位于指定的曲面上，则可通过投影曲线的方式来完成。单击"模型"选项卡中"编辑"区域的"投影"按钮 ，出现如图 5 - 38 所示的"投影曲线"选项卡。其中主要选项含义如下。

图 5 - 38　"投影曲线"选项卡

①"曲面":显示选取的投影面。

②"方向":根据需要选取确定投影方向的方式,有"沿方向"和"法向于曲面"两种方式。

- "沿方向":沿着指定的方向,如平面的法向、直线、轴线等方向。
- "法向于曲面":投影面的法向方向。

③ ✂:单击该按钮,可切换投影方向。

单击"参考"按钮,出现如图 5 - 39 所示的"参考"选项卡,该选项卡用于定义投影曲线的类型。其下拉列表框中的 3 个选项含义如下所述。

- "投影链":选取要投影的曲线或边。
- "投影草绘":通过草图绘制要投影的曲线。
- "投影修饰草绘":与"投影草绘"基本一致,但是投影出来的曲线不可以作为编辑曲面或者创建特征的图元,只是起到修饰作用,如图 5 - 40 所示。

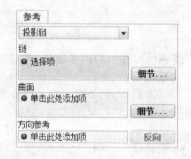

图 5 - 39　"参考"选项卡

图 5 - 40　创建投影曲线

2. 边界混合 2

在"边界混合"选项卡中,单击"约束"按钮弹出其深度面板,"边界"列中列出所有曲面边界。从"条件"下拉列表框中选取下列边界条件。

① 自由⋯:沿边界没有设置相切条件。

② 相切—:混合曲面沿边界与参照曲面相切。

③ 曲率⊜:混合曲面沿边界具有曲率连续性。

④ 垂直⊣:混合曲面与参照曲面或基准平面垂直。

如果需要曲面和相邻曲面达到某种边界条件,需要其线架也达到其相应的边界条件。

注意：对"自由"之外的条件，需要选取参照曲面。选取边界会在曲面列表中显示边界条件所参照的曲面。

3. 实体化

"编辑"菜单中的"实体化"命令可以将封闭的曲面转换成实体，也可以使用曲面切割实体。该操作比较简单，选择曲面，激活命令，选择方式即可，如图 5-41 所示。

图 5-41　实体化

5.2.3　操作步骤

① 单击"模型"选项卡中"基准"区域的"草绘"按钮，在 TOP 平面上绘制如图 5-42 所示的草图。

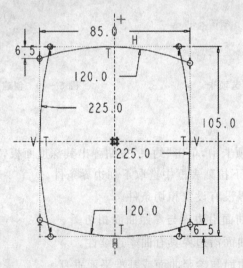

图 5-42　绘制草图

② 单击"模型"选项卡中"形状"区域的"拉伸"按钮🔲,选择 TOP 平面为草绘平面,草图如图 5-43 所示,拉伸高度为 45,结果如图 5-43 所示。

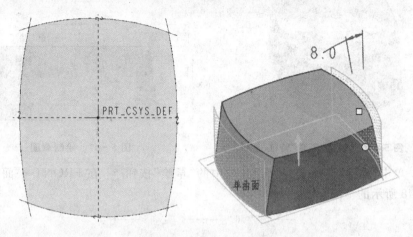

图 5-43　创建"拉伸"特征

③ 单击"模型"选项卡中"工程"区域的"拔模"按钮 🔲 拔模 ▾,弹出"拔模"选项卡。选择两个侧面为拔模曲面,在绘图区域中右击,在弹出的快捷菜单中选择"拔模枢轴"选项,选择 TOP 平面,输入拔模角度 8,单击"确定"按钮,结果如图 5-44 所示。

④ 创建第二个角度为 3 的"拔模"特征,如图 5-45 所示。

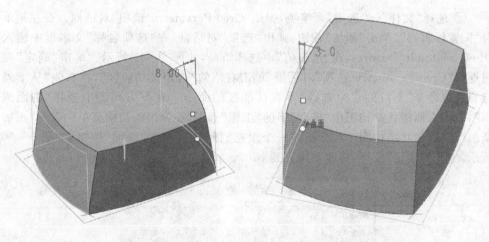

图 5-44　创建"拔模"特征　　　　　　　**图 5-45　拔模特征**

⑤ 单击"模型"选项卡中"工程"的"倒圆角"按钮 🔲 倒圆角 ▾,选择倒圆角的边,创建半径分别为 23、24、25 的圆角,如图 5-46 所示。

⑥ 单击"模型"选项卡"基准"区域中的"草绘"按钮 🔲,在 RIGHT 平面上绘制图 5-47 所示的草图。

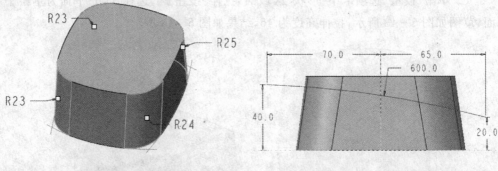

图 5-46 创建"圆角"特征   图 5-47 绘制草图

⑦ 单击"模型"选项卡"基准"区域中的"草绘"按钮 ▨，在 FRONT 平面上绘制图 5-48 所示的草图。

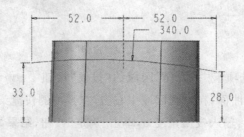

图 5-48 绘制草图

⑧ 选择"文件"→"选项"菜单项，弹出"Creo Parametric 选项"对话框。在左侧单击"配置编辑器"，单击"添加"按钮，弹出"选项"对话框，在"选项名称"文本框中输入 allow_anatomic_features，在"选项值"中选择 Yes，如图 5-49 所示。单击"确定"按钮返回"Creo Parametric 选项"对话框，单击右侧的"自定义功能区"，在右侧"从下列位置选取命令"下拉列表中选择"不在功能区的命令"，在下方列表中选择"剖面圆顶"，右击右侧树状结构图中"模型"下的"工程"选项，在弹出的快捷菜单中选择"添加新组"选项，树状结构图中将会新建一个组，选择该组，单击"添加"按钮，如图 5-50 所示。单击"确定"按钮，将改动保存到 config. pro 文件。

图 5-49 "选项"对话框

⑨ 单击"模型"选项卡中"新建组"区域的"剖面圆顶"按钮 剖面圆顶，弹出"菜单管理器"，单击"完成"选项，选择实体的顶面，如图 5-51 所示。分别选择 RIGHT、FRONT 为草绘平面，利用草绘模块中的"投影"按钮 投影，直接使用步骤⑥和⑦中绘制的图元，结果如图 5-52 所示。

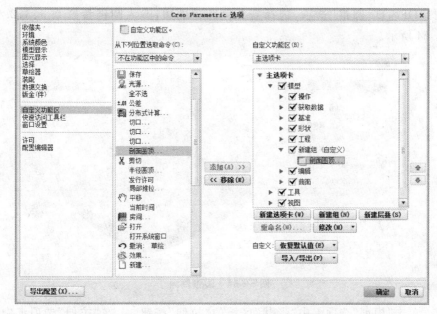

图 5-50　"Creo Parametric 选项"对话框

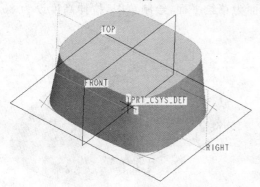

图 5-51　选择顶面

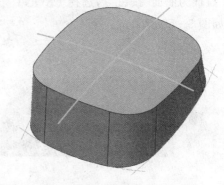

图 5-52　"剖面圆顶"特征

⑩ 单击"模型"选项卡中"工程"的
"倒圆角"按钮 ⬇倒圆角 ▾，选择需要倒圆角的
边，单击"倒圆角"选项卡中的"集"按钮，
在"集"选项卡中的"半径"区域中右击，在
弹出的快捷菜单中选择"添加半径"选项，
使用鼠标拖动绘图区域新添加的半径，如
图 5-53 所示。

⑪ 单击"模型"选项卡中"工程"的
"倒圆角"按钮 ⬇倒圆角 ▾，单击"倒圆角"选项
卡中的"集"按钮，在"集"选项卡圆角类型

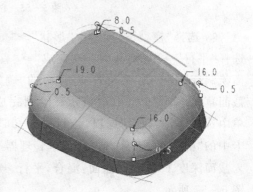

图 5-53　变半径圆角

中选择"D1×D2 圆锥"选项,选择需要倒圆角的边,输入圆锥参数 0.5、3、2.3,如图 5-54 所示。

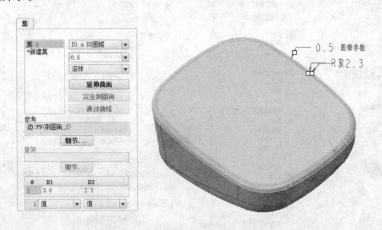

图 5-54　圆锥倒角

⑫ 单击"模型"选项卡中"形状"区域的"拉伸"按钮，在"拉伸"选项卡中单击"拉伸为曲面"按钮，选择 FRONT 平面为草绘平面,绘制草图,拉伸高度设为 80,如图 5-55 所示。

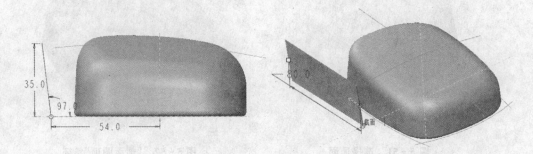

图 5-55　创建拉伸曲面

⑬ 选择"模型"选项卡中"形状"→"混合"→"曲面"选项,弹出"菜单管理器",选择"平行"→"规则截面"→"完成"→"直的"→"完成"选项,选择步骤⑫创建的平面绘制草图,单击"菜单管理器"中的"确定"→"默认",进入草绘环境绘制第一个截面草图,如图 5-56(a)所示。绘制完成后在绘图区域中右击,在弹出的快捷菜单中选择"切换截面"选项,绘制图 5-56(b)所示的第二个截面。单击"草图"选项卡中的"确定"按钮，弹出"菜单管理器",选择"确定"→"盲孔"→"完成"选项,输入截面深度 15,单击"曲面:混合,平行,规则截面"对话框中的"确定"按钮,结果如图 5-57 所示。

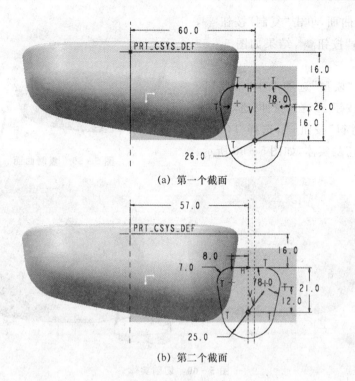

（a）第一个截面

（b）第二个截面

图 5-56　绘制截面

⑭ 单击"模型"选项卡中"形状"区域的"拉伸"按钮，在"拉伸"选项卡中单击"拉伸为曲面"按钮以及"移除材料"按钮，选择需要步骤⑬创建的曲面为裁剪曲面，选择 TOP 平面为草绘平面，绘制草绘图形，输入拉伸高度 60，单击"确定"按钮，结果如图 5-58 所示。

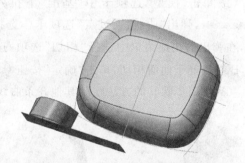

图 5-57　混合曲面特征

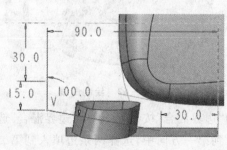

图 5-58　切割曲面

⑮ 选择曲面,单击"复制"按钮 ,再单击"粘贴"按钮 ,结果如图 5-59 所示。

⑯ 单击"模型"选项卡中"形状"区域的"拉伸"按钮 ,在"拉伸"选项卡中单击"移除材料"按钮 ,选择 TOP 平面绘制草图切割实体,如图 5-60 所示。

图 5-59　复制曲面

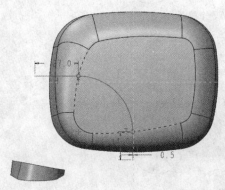

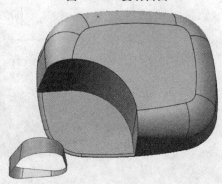

图 5-60　切割实体

⑰ 单击"模型"选项卡中"基准"下拉列表的"曲线"→"通过点的曲线"按钮 ～通过点的曲线,弹出"曲线:通过点"选项卡。选择两点 A 和 B,右击端点处的约束符号 ,在弹出的快捷菜单中选择"相切"选项,选择相应的图元,A 端点与曲面边线相切,B 端点处于曲面相切,单击"确定"按钮 ,如图 5-61 所示。

⑱ 使用步骤⑰的方法绘制其他 3 条曲线,如图 5-62 所示。

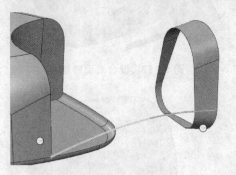

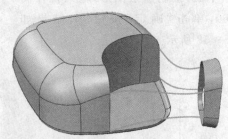

图 5-61　绘制曲线　　　　　　　**图 5-62　绘制曲线**

⑲ 单击"模型"选项卡中"曲面"区域的"边界混合"按钮 ,弹出"边界混合"选项卡。按住 Ctrl 键,选择两条曲线,将其填入到第一方向中,选择两条边填入到第二方向中,右击两条边上的 ,在弹出的快捷菜单中选择"切线"选项,单击"边界混合"选

项卡的"完成"按钮✓，如图 5 - 63 所示。

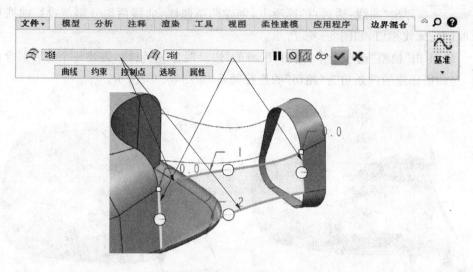

图 5 - 63　创建边界混合曲面

⑳ 使用同样的方法创建另一个曲面，如图 5 - 64 所示。

㉑ 单击"模型"选项卡中"编辑"区域的"投影"按钮 ⚗投影，弹出"投影曲线"选项卡。单击"参考"按钮，在弹出的选项卡中选择投影曲线的类型"投影草绘"，单击"定义"按钮，选择 TOP 平面为草绘平面，绘制草图。在"投影曲线"选项卡"曲面"选择框中选择投影的曲面，在"方向"下拉列表中选择"沿方向"，选择坐标系中的 Y 轴，单击"完成"按钮✓，结果如图 5 - 65 所示。

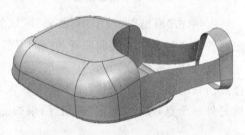

图 5 - 64　创建边界混合曲面

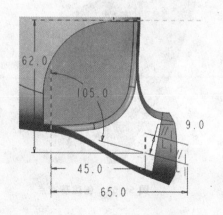

图 5 - 65　投影直线

㉒ 单击"模型"选项卡中"基准"下拉列表的"曲线"→"通过点的曲线"按钮 ∿通过点的曲线，弹出"曲线：通过点"选项卡，创建两条曲线，曲线两端分别与投影曲线以及曲面轮廓线相切，如图5-66所示。

㉓ 单击"模型"选项卡中"曲面"区域的"边界混合"按钮 ⬚，创建一个边界混合曲面，与曲面相连的两条边为"相切"的连接关系，如图5-67所示。

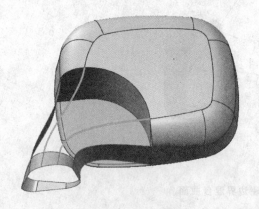

图5-66 绘制曲面   图5-67 绘制边界混合曲面

㉔ 单击"模型"选项卡中"曲面"区域的"边界混合"按钮 ⬚，创建另外两块曲面，曲面四条边与其相邻的曲面皆为"相切"连接关系，如图5-68所示。

㉕ 单击"模型"选项卡中"基准"区域的"点"按钮 ⤬⤬点，弹出"基准点"对话框。选择点所在的曲线，在"偏移"文本框中输入0.65，单击"新点"选项，使用同样的方法创建另外一个点，单击"确定"按钮，结果如图5-69所示。

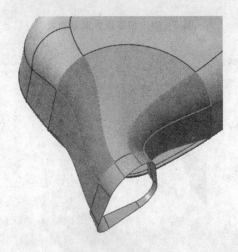

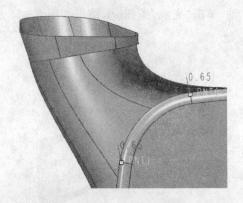

图5-68 创建曲面   图5-69 创建基准点

㉖ 单击"模型"选项卡中"基准"下拉列表的"曲线"→"通过点的曲线"按钮 ～通过点的曲线,选择步骤㉕创建的两个点,单击"曲线:通过点"选项卡中的"放置"按钮,弹出"放置"选项卡,勾选"在曲面上放置曲线"选项,选择圆角曲面,单击"曲线:通过点"选项卡中"确定"按钮☑。如图 5-70 所示。

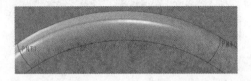

图 5-70　绘制曲线

㉗ 使用步骤㉖的方法绘制其他两条曲线,曲线要与第㉖步绘制曲线相切,如图 5-71 所示。

图 5-71　绘制曲线

㉘ 双击曲线,单击"模型"选项卡中"操作"区域的"复制"按钮，再单击"粘贴"按钮，在弹出的"曲线:复合"选项卡中单击"参考"按钮,在其选项卡中单击"细节"按钮,弹出"链"对话框,按住 Ctrl 键,选择另外两条曲线,单击"确定"按钮,在"曲线:复合"选项卡中单击"完成"按钮☑。如图 5-72 所示。

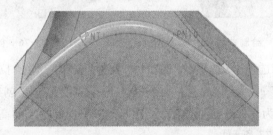

图 5-72　复制曲线

㉙ 选择复制曲面,单击"模型"选项卡中"编辑"区域的"修剪"按钮，选择步骤㉘复制的曲线,在"修剪"选项卡中单击"确定"按钮☑,如图 5-73 所示。

图 5-73　修剪曲面

㉚ 单击"模型"选项卡中"基准"区域的"点"按钮 ，选择曲线，在曲线上添加两个点，比率分别为 0.2 和 0.8，如图 5-74 所示。

图 5-74 绘制点

㉛ 单击"模型"选项卡中"基准"下拉列表的"曲线"→"通过点的曲线"按钮 ，绘制两条曲线，曲线两端分别与曲面相切，如图 5-75 所示。

㉜ 单击"模型"选项卡中"曲面"区域的"边界混合"按钮 ，创建曲面，曲面两侧分别与曲面相切，如图 5-76 所示。

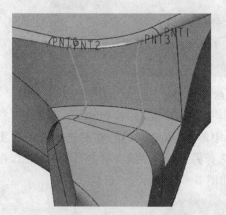
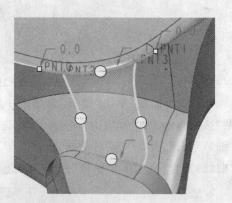

图 5-75 绘制曲线　　　　　　　　图 5-76 创建曲面

㉝ 单击"模型"选项卡中"形状"区域的"拉伸"按钮 ，在"拉伸"选项卡中单击"拉伸为曲面"按钮 以及"移除材料"按钮 ，选择需要第㉜步创建的曲面为裁剪曲面，选择 TOP 平面为草绘平面，绘制草绘图形，输入一个适当的高度，单击"确定"按钮 ，结果如图 5-77 所示。

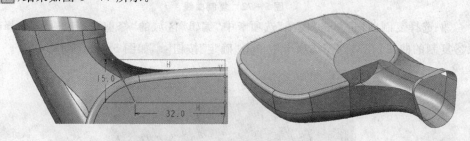

图 5-77 裁剪曲面

㉞ 使用步骤㉞的方法切割曲面,如图 5 - 78 所示。

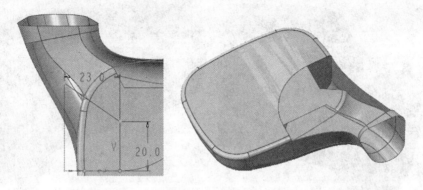

图 5 - 78　裁剪曲面

㉟ 单击"模型"选项卡中"基准"下拉列表的"曲线"→"通过点的曲线"按钮
～通过点的曲线,绘制四条曲线,曲线的两端分别与曲面相切,如图 5 - 79 所示。

㊱ 单击"模型"选项卡中"曲面"区域的"边界混合"按钮 ,创建两个曲面,如图 5 - 80 所示。

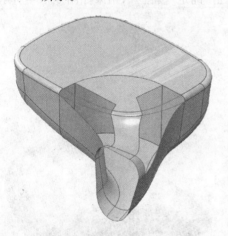

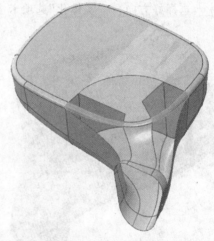

图 5 - 79　绘制曲线　　　　　　　　　**图 5 - 80　创建曲面**

㊲ 单击"模型"选项卡"曲面"区域"边界混合"按钮,创建四个曲面,曲面的边界都要和相邻的曲面相切,如图 5 - 81 所示。

㊳ 选择"模型"选项卡中"编辑"区域的"填充"按钮 填充 ,选择步骤⑫绘制的曲面为草绘平面,绘制草图,结果如图 5 - 82 所示。

图 5 - 81　创建曲面

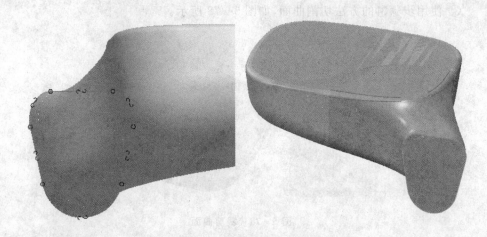

图 5-82 创建填充曲面

㊴ 选择曲面,单击"合并"按钮 ⊙,合并曲面,如图 5-83 所示。

㊵ 选择合并后的曲面,单击"模型"选项卡中"编辑"区域的"实体化"按钮
⫿ 实体化,选择好方向,在"实体化"选项卡中单击"确定"按钮 ☑,结果如图 5-84 所示。

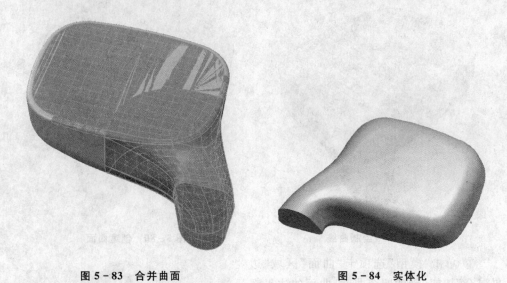

图 5-83 合并曲面　　　　　　　　　**图 5-84 实体化**

5.3　曲面设计案例 3:汤勺

曲面设计案例 3 汤勺如图 5-85 所示。

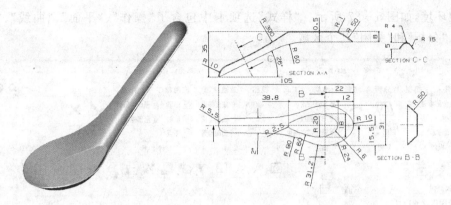

图 5-85　汤　勺

5.3.1　案例分析

汤勺案例是一个典型的曲面造型案例,从搭线架到构建曲面,再到生成实体,整个曲面造型的基本流程都是比较典型的。在学习过程中要注意曲面拆分方法以及曲面连续性对于线架要求,本案例中引入了造型曲面设计的方法,引入该方法的目的是提前让读者对该设计方法以及界面有一定的了解,为后面的案例做铺垫。其设计流程如图 5-86 所示。

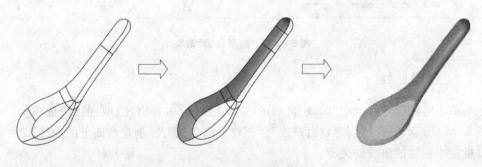

图 5-86　设计流程

5.3.2　知识点命令介绍:造型曲面

“造型曲面”模块可以方便而迅速地创建自由造型的曲线和曲面,造型曲面以样条曲线为基础,通过曲率分布图,能直观的编辑曲线,没有尺寸标注的约束,可轻易得到所需的光滑、高质量的造型曲线,进而产生高质量造型曲面。该模块广泛用于产品的概念设计,外形设计和逆向工程等设计领域。

单击“模型”选项卡中“曲面”区域的“造型”按钮 ⏚造型 ,将打开“样式”选项卡进入造型环境,如图 5 - 87 所示。"样式"选项卡中包含了"操作"、"平面"、"曲线"、"曲面"、"分析"和"关闭"几个区域。

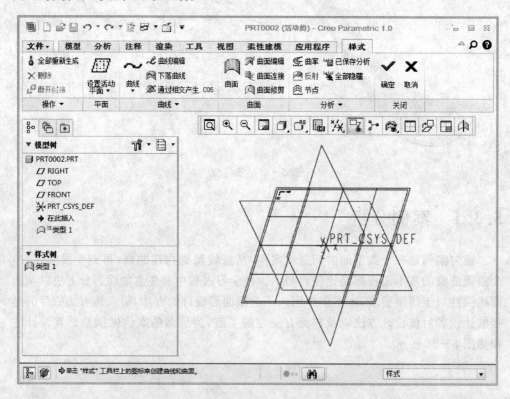

图 5 - 87　"造型曲面"模块

1. 创建曲线

单击"样式"选项卡中"曲线"区域的"曲线"按钮~,弹出"造型:曲线"选项卡,如图 5 - 88 所示。选择"创建自由曲线"、"创建平面曲线"及"创建曲面上的曲线"之一,以指定要创建的曲线的类型。

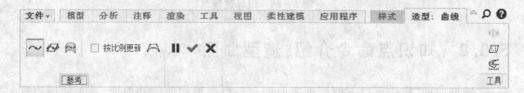

图 5 - 88　"造型:曲线"选项卡

~创建自由曲线:创建位于三维空间中的曲线,且不受任何几何图元约束。

创建平面曲线:创建位于指定平面上的曲线。

创建曲面上的曲线：创建一条被约束于指定单一曲面上的曲线。

曲线默认以插入点方式来创建曲线，单击"使用控制点编辑此曲线"按钮，将使用控制点创建曲线，如图 5-89 所示。按住 Shift 键可以捕捉点、线或者曲面边界。

图 5-89　使用控制点创建曲线

选项卡右侧包含了三个创建曲线辅助工具按钮："全部生成"按钮、"设置活动平面"按钮、"曲率"按钮。

- "全部生成"按钮：重新生成所有过期的造型图元。
- "设置活动平面"按钮：选择当前作用的工作平面。
- "曲率"按钮：显示曲线曲率用以分析。

2．编辑曲线

造型曲线的外形可以参照移动控制点来改变。

（1）点的移动

单击"样式"选项卡中"曲线"区域的"曲线编辑"按钮，弹出"造型：曲线编辑"选项卡，选择要编辑的曲线。单击"点"按钮，弹出"点"选项卡，如图 5-90 所示。在"点移动"区域中"拖动"选择列表中可以看到点移动的几种方式。

① 自由：移动不受约束。

② 水平/垂直：点移动仅被约束在水平或垂直方向上。在拖动点的同时按住 Ctrl 和 Alt 键，使其仅沿着水平方向或垂直方向平行于活动基准平面移动。

③ 法向：点移动被约束在垂直于当前基准

图 5-90　"点"选项卡

平面的方向上。或者拖动点时按住 Alt 键，使其沿着活动基准平面的法向移动。

在"点"选项卡中的"坐标"区域可以指定编辑点的 X、Y 和 Z 坐标值，移动自由点。可单击"相对"复选框，将 X、Y 和 Z 坐标值视为距离点的原始位置的偏距。

（2）向曲线添加删除点

在向曲线添加点时，曲线会根据新插入点重新调整曲线形态。有时曲线的形状会得到明显的改变。单击"样式"选项卡中"曲线"区域的"曲线编辑"按钮 ，选择要编辑的曲线。在曲线上的任意位置右击，弹出快捷菜单如图 5-92 所示。

- 添加点：在所选位置添加一点。
- 添加中点：在所选位置两侧的两个现有点的中点添加一个点。

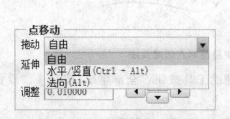

图 5-91　"点移动"选项卡　　　　　　图 5-92　快捷菜单

右击曲线上的点，在弹出的快捷菜单中选择"删除"选项，即可将点删除掉。

(3) 改变软点类型

要创建软点，按住 Shift 键，选取一个自由点，将其拖动到最靠近的几何图元，将该点捕捉到几何图元上。沿曲线、边、基准平面或曲面单击并拖动软点。在"点"选项卡中的"软点"区域中"类型"下拉列表中选择软点的类型，如图 5-93(a)所示。或者右击软点，弹出如图 5-93(b)所示的快捷菜单，选择下列选项之一。

- 长度比例：通过保持从曲线起点到点的长度相对于曲线总长度的百分比来保持软点的位置，此选项为默认选项。
- 长度：确定从参照曲线起点到点的距离。
- 参数：通过保持点沿曲线常量的参数，来保持点的位置。
- 自平面偏移：通过使参照曲线与给定偏距处的平面相交，来确定点的位置。如果找到多个交点，将使用在参数上与上一个值最接近的值。
- 锁定到点：将软点锁定到参照曲线上的定义点，查找父曲线上最近的定义点（一般为端点）。
- 链接：表示该点是软点，但以上软点类型均不适用。这包括曲面或平面上的软点和相对于基准点或顶点的软点。
- 断开链接：断开软点与父项几何之间的连接。此点变成自由点，并定义在当前位置。

在"值"框中为相应的软点类型键入一个值。也可单击"值"复选框，导出要在"造型"特征外进行修改的值。

(a) "点"选项卡   (b) 右键快捷菜单

图 5-93 软点类型选项

(4) 改变约束

单击"样式"选项卡中"曲线"区域的"曲线编辑"按钮 ⚋曲线编辑 ,选择要编辑的曲线。曲线的端点,显示其切线方向手柄,在手柄上右击,弹出如图 5-94 所示的快捷菜单,其中各选项含义如下。

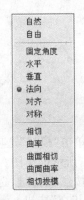

- 自然:使用定义点的自然数学切线。对于新创建的曲线,该选项为默认选项。修改定义点时,切线可能改变方向。
- 自由:使用用户定义的切线。操作时,自然切线将立即变为自由切线。修改后,将按照指定的方向和长度,然后可自由拖动切线。
- 固定角度:设置当前方向,但允许通过拖动改变长度。
- 水平:相对于当前基准平面的网格,将当前方向设置为水平,但允许通过拖动改变长度。
- 竖直:相对于当前基准平面的网格,将当前方向设置为竖直,但允许通过拖动改变长度。

图 5-94 右键快捷菜单

- 垂直:设置当前方向垂直于所选的参照基准平面。
- 对齐:设置当前方向指向另一曲线上的参照位置。
- 对称:设置当前方向对称于另一曲线上的参照位置。
- 相切:设置当前方向相切于另一曲线上的参照位置。
- 曲率:设置当前方向曲率于另一曲线上的参照位置。
- 曲面相切:设置当前方向相切于另一曲面上的参照位置。
- 曲面曲率:设置当前方向曲率于另一曲面上的参照位置。
- 相切拔模:设置当前方向相切拔模于另一曲面上的参照位置。

5.3.3　操作步骤

① 单击"模型"选项卡中"基准"区域的"草绘"按钮 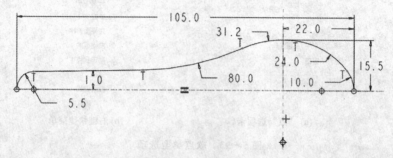，在 TOP 平面上绘制如图 5-95所示的草图。选择绘制的图元，选择"草绘"选项卡"操作"→"转换"→"样条"选项将其转换为样条曲线。

图 5-95　绘制草图

② 单击"模型"选项卡中"基准"区域的"草绘"按钮 ，在 TOP 平面上绘制如图 5-96所示的草图。选择绘制的图元，选择"草绘"选项卡"操作"→"转换"→"样条"选项将其转换为样条曲线。

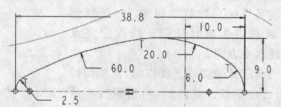

图 5-96　绘制草图

③ 单击"模型"选项卡"基准"区域中的"草绘"按钮 ，在 FRONT 平面上绘制如图 5-97 所示的草图。

④ 按住 Ctrl 键，选择步骤①和步骤③绘制的草图，单击"模型"选项卡中"编辑"区域的"相交"按钮 相交，结果如图 5-98所示。

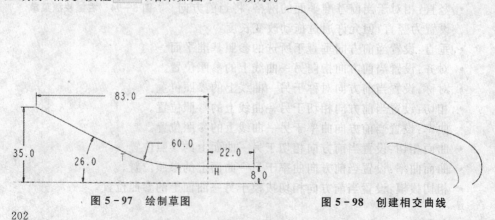

图 5-97　绘制草图　　　　　　图 5-98　创建相交曲线

⑤ 取消步骤③绘制草图的隐藏状态,单击"模型"选项卡中"基准"区域的"草绘"按钮 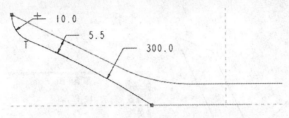,在 FRONT 平面上绘制如图 5-99 所示的草图。

图 5-99　绘制草图

⑥ 单击"模型"选项卡中"基准"区域的"草绘"按钮 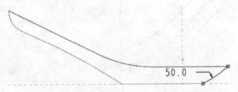,在 FRONT 平面上绘制如图 5-100 所示的草图。

图 5-100　绘制草图

⑦ 单击"模型"选项卡中"基准"区域的"草绘"按钮 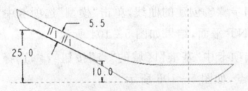,在 FRONT 平面上绘制如图 5-101 所示的草图。

图 5-101　绘制草图

⑧ 单击"模型"选项卡中"基准"区域的"点"按钮,选择步骤⑤和步骤⑦绘制的草图,如图 5-102 所示。

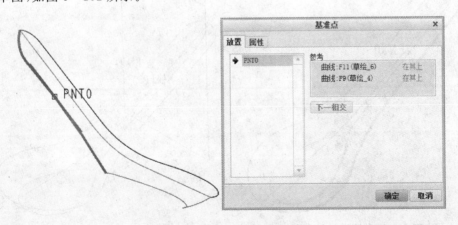

图 5-102　创建基准点

⑨ 单击“模型”选项卡中“基准”区域的“平面”按钮，选择步骤⑧创建的点以及步骤③创建的草图，在“基准平面”中将“曲线”选项选择为“法向”，单击“确定”按钮，如图 5 - 103 所示。

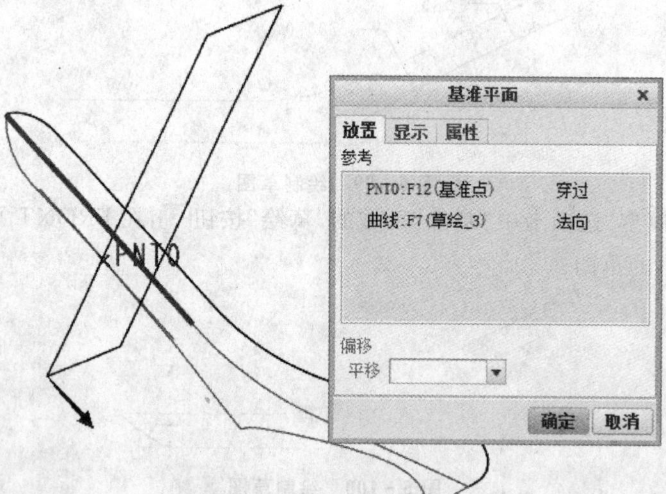

图 5 - 103　创建基准平面

⑩ 选择步骤②和步骤④创建的曲线，单击“模型”选项卡中“编辑”区域的“镜像”按钮，选择 FRONT 平面，结果如图 5 - 104 所示。

⑪ 单击“模型”选项卡中“基准”区域的“点”按钮，选择 DTM1 平面和曲线，在其相交的位置创建点，如图 5 - 105 所示。

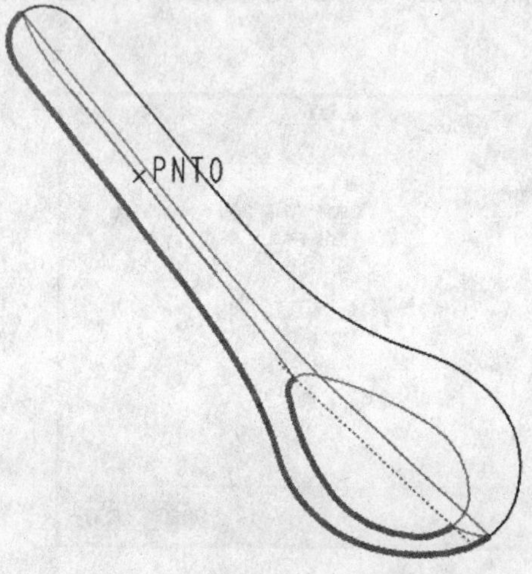

图 5 - 104　镜像复制曲线

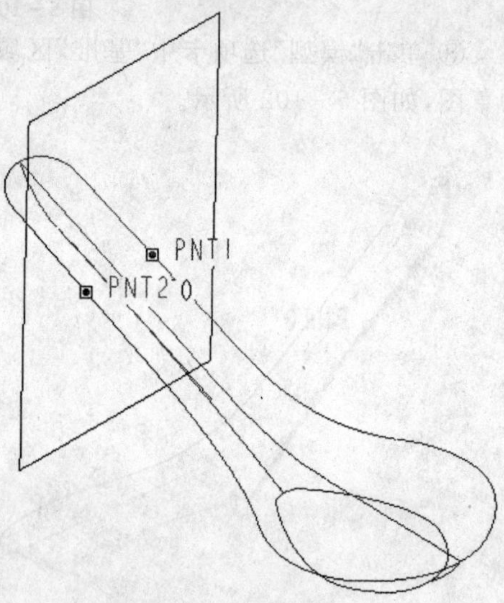

图 5 - 105　创建基准点

⑫ 单击"模型"选项卡中"基准"区域的"草绘"按钮 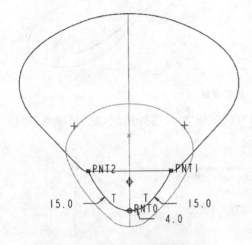，在 DTM1 平面上绘制如图 5-106 所示的草图，选择绘制的图元，选择"草绘"选项卡"操作"→"转换"→"样条"选项，将其转换为样条曲线。

⑬ 单击"模型"选项卡中"基准"区域的"点"按钮 ，创建两个点，方法比较简单，不详细讲述，结果如图 5-107 所示。

图 5-106 绘制草图

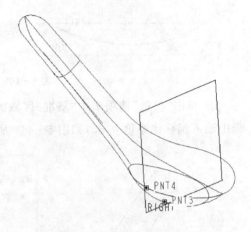

图 5-107 创建基准点

⑭ 单击"模型"选项卡中"基准"区域的"草绘"按钮 ，在 RIGHT 平面上绘制如图 5-108 所示的草图。

⑮ 单击"模型"选项卡中"曲面"区域的"造型"按钮 ，弹出"样式"选项卡，单击"曲线"按钮 ，弹出"造型:曲线"选项卡，按住 Shift 键，捕捉两曲线，单击"确定"按钮。单击"曲线编辑"按钮 ，弹出"造型:曲线编辑"选项卡，拖动两个端点到曲线的最下方，右击两端点上的控制手柄，在弹出的快捷菜单中选择"相切"选项，单击"确定"按钮 ，单击"样式"选项卡中的"确定"按钮 ，结果如图 5-109 所示。

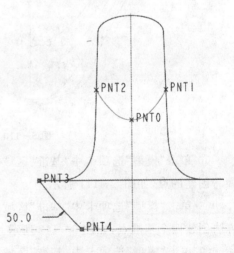

图 5-108 绘制圆弧

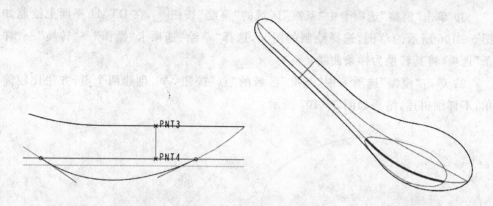

图 5 - 109 创建曲线

⑯ 单击"模型"选项卡中"基准"区域的"点"按钮 ✕✕点,选择曲线,在"基准点"对话框中输入偏移比率值 0.85,如图 5 - 110 所示。

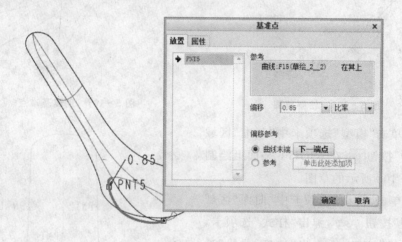

图 5 - 110 创建基准点

⑰ 单击"模型"选项卡中"基准"区域的"平面"按钮 ▱,选择 RIGHT 平面以及步骤⑯创建的点,如图 5 - 111 所示。

⑱ 单击"模型"选项卡中"基准"区域的"点"按钮 ✕✕,使用选择曲线和基准平面的方法创建四个基准点,如图 5 - 112 所示。

⑲ 单击"模型"选项卡中"基准"区域的"平面"按钮 ▱,选择 RIGHT 平面以及曲线终点,如图 5 - 113 所示。

⑳ 单击"模型"选项卡中"基准"区域的"点"按钮 ✕✕,使用选择曲线和基准平面的方法创建三个基准点,如图 5 - 114 所示。

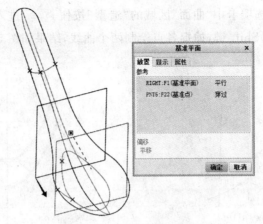

图 5-111　创建基准平面

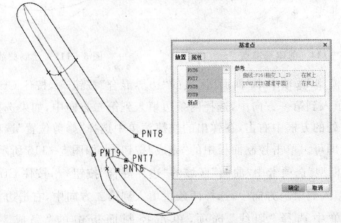

图 5-112　创建基准点

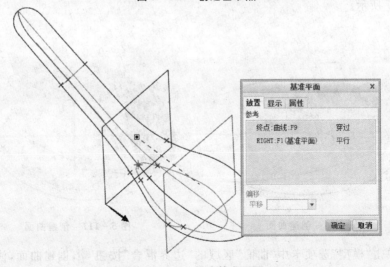

图 5-113　创建基准平面

㉑ 单击"模型"选项卡中"曲面"区域的"造型"按钮 ⌒造型，进入"造型"模块，单击"曲线"按钮～，按住 Shift 键，捕捉各点绘制两个曲线，结果如图 5-115 所示。

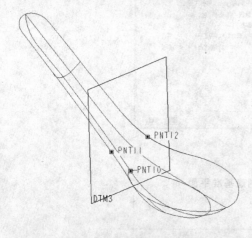

图 5-114　创建基准点

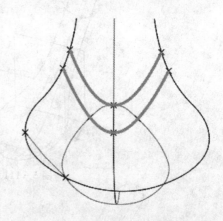

图 5-115　绘制曲线

㉒ 单击"模型"选项卡中"曲面"区域的"边界混合"按钮 ，按住 Ctrl 键，选择两条曲线，将其填入到第一方向中，选择两条边填入到第二方向中，如果选择的边过长，可以在其端点处的方框中右击，在弹出的快捷菜单中选择"修剪位置"选项，然后再选择修剪到的点即可。单击控制面板中的"完成"按钮 ，如图 5-116 所示。

㉓ 单击"模型"选项卡中"曲面"区域的"边界混合"按钮 ，按住 Ctrl 键，选择两条曲线，将其填入到第一方向中，选择两条边填入到第二方向中，右击边上的 ，在弹出的快捷菜单中选择"切线"选项，单击控制面板中的"完成"按钮 ，如图 5-117 所示。

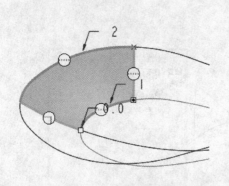

图 5-116　创建曲面

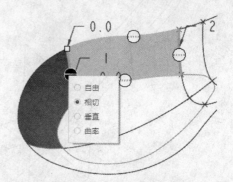

图 5-117　创建曲面

㉔ 单击"模型"选项卡中"曲面"区域的"边界混合"按钮 ，创建曲面，注意有一条边的连接关系为垂直，如图 5-118 所示。

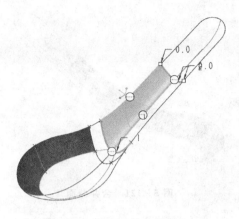

图 5 – 118　创建曲面

㉕ 单击"模型"选项卡中"曲面"区域的"造型"按钮 🗔造型，进入"造型"模块，单击"样式"区域"曲线"按钮 ～，按住 Shift 键，捕捉曲面的边，单击"曲线编辑"按钮 ✐曲线编辑，拖动两个端点到曲线的最下方，右击两端点出的控制手柄，在弹出的快捷菜单中选择"曲面相切"选项，在控制面板中单击"完成"按钮 ✔，单击工具栏中的"完成"按钮 ✔，退出"造型"模块，结果如图 5 – 119 所示。

㉖ 单击"模型"选项卡中"曲面"区域的"边界混合"按钮 🗊，创建曲面，注意曲面连接关系，如图 5 – 120 所示。

图 5 – 119　创建曲线

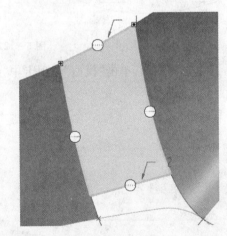

图 5 – 120　创建曲面

㉗ 选择曲面，单击"模型"选项卡中"编辑"区域的"合并"按钮 🗗合并，合并曲面，如图 5 – 121 所示。

㉘ 单击"模型"选项卡中"形状"区域的"拉伸"按钮 🗗，在"拉伸"选项卡中选择"曲面"🗔和"移除材料"按钮 ⬚，选择步骤㉗中合并的曲面，绘制草图切割曲面，结果如图 5 – 122 所示。

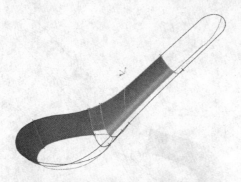

图 5 - 121　合并曲面

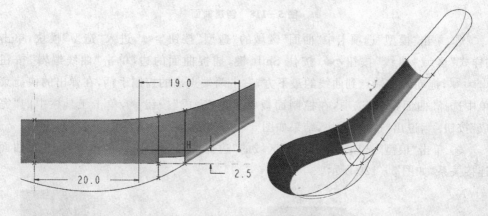

图 5 - 122　切割曲面

㉙ 选择曲面，单击"模型"选项卡中"编辑"区域的"合并"按钮 合并，合并曲面，如图 5 - 123 所示。

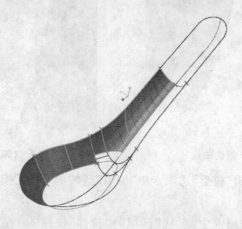

图 5 - 123　合并曲面

㉚ 选择曲面，单击"模型"选项卡中"曲面"区域的"边界混合"按钮，创建曲面，

注意曲面连接关系,如图 5-124 所示。

㉛ 选择曲面,单击"模型"选项卡中"编辑"区域的"合并"按钮 ,合并曲面,如图 5-125 所示。

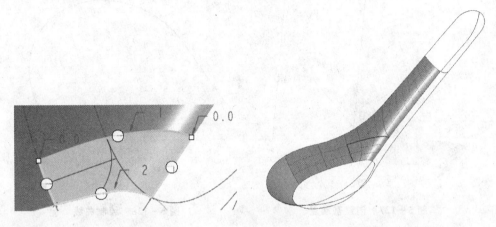

图 5-124　创建曲面　　　　　图 5-125　合并曲面

㉜ 单击"模型"选项卡中"基准"区域的"平面"按钮 ,创建一个基准平面,如图 5-126 所示。

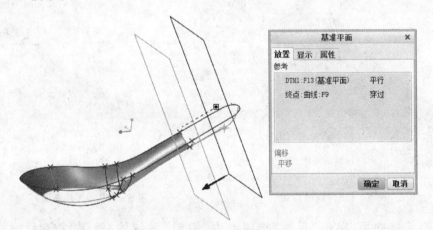

图 5-126　创建基准平面

㉝ 单击"模型"选项卡中"基准"区域的"点"按钮 ,使用选择曲线和基准平面的方法创建三个基准点,如图 5-127 所示。

㉞ 单击"模型"选项卡中"曲面"区域的"造型"按钮 ,进入"造型"模块,单击"样式"区域"曲线"按钮 ,按住 Shift 键,捕捉点,结果如图 5-128 所示。

㉟ 选择曲面,单击"模型"选项卡中"曲面"区域的"边界混合"按钮 ,创建曲面,注意曲面连接关系,如图 5-129 所示。

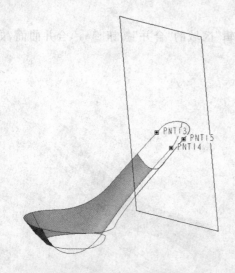

图 5-127 创建基准点

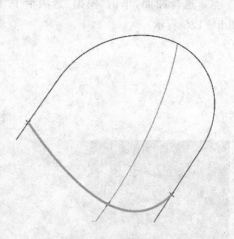

图 5-128 绘制曲线

㊱ 选择曲面,单击"模型"选项卡中"编辑"区域的"合并"按钮 ,合并曲面,如图 5-130 所示。

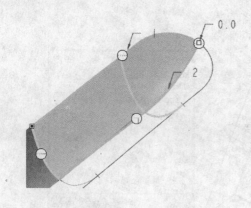

图 5-129 创建曲面

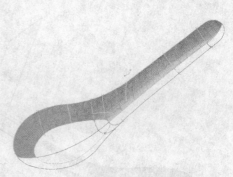

图 5-130 合并曲面

㊲ 选择曲面,单击"模型"选项卡中"编辑"区域的"镜像"按钮 ,选择 FRONT 平面,结果如图 5-131 所示。

㊳ 选择曲面,单击"模型"选项卡中"编辑"区域的"合并"按钮 ,合并曲面,如图 5-132 所示。

㊴ 单击"模型"选项卡中"曲面"区域的"填充"按钮 ,选择 TOP 平面为草绘平面,绘制草图,结果如图 5-133 所示。

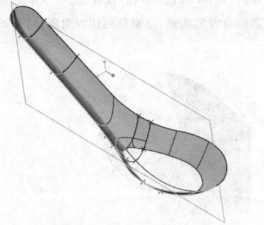

图 5 - 131 镜像复制曲面

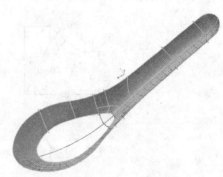

图 5 - 132 合并曲面

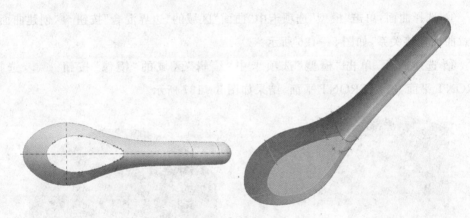

图 5 - 133 填充曲面

⑩ 选择曲面,单击"模型"选项卡中"编辑"区域的"合并"按钮 🔲 合并,合并曲面,如图 5 - 134 所示。

图 5 - 134 合并曲面

㊶ 单击"模型"选项卡中"形状"区域的"拉伸"按钮，在"拉伸"选项卡中选择"曲面"和"移除材料"按钮，选择第⑬步合并的曲面，绘制草图切割曲面，结果如图 5-135 所示。

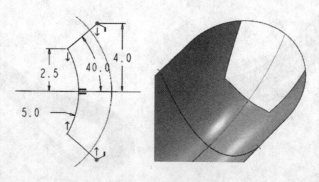

图 5-135　切割曲面

㊷ 选择曲面，单击"模型"选项卡中"曲面"区域的"边界混合"按钮，创建曲面，注意曲面连接关系，如图 5-136 所示。

㊸ 选择曲面，单击"模型"选项卡中"编辑"区域的"镜像"按钮，选择 FRONT 平面，选择 FRONT 平面，结果如图 5-137 所示。

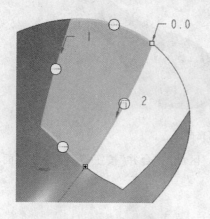
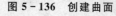

图 5-136　创建曲面

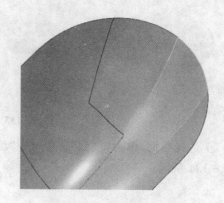

图 5-137　镜像复制曲面

㊹ 选择曲面，单击"模型"选项卡中"编辑"区域的"合并"按钮，合并曲面，如图 5-138 所示。

㊺ 单击"模型"选项卡中"工程"区域的"倒圆角"按钮，创建一个半径为 1 的圆角，如图 5-139 所示。

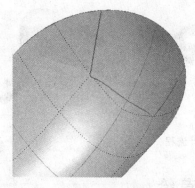

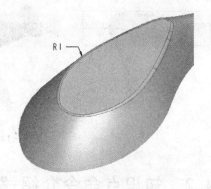

图 5 - 138 合并曲面   图 5 - 139 创建圆角

㊻ 选择曲面,单击"模型"选项卡中"编辑"区域的"加厚"按钮 ,在"加厚"选项卡中输入厚度 0.5,结果如图 5 - 140 所示。

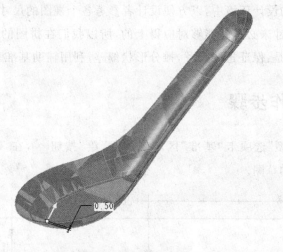

图 5 - 140 加厚曲面

5.4 曲面设计案例 4:吹风机

5.4.1 案例分析

该案例使用了工业设计中常用的跟踪草绘技术,构建曲面的方法比较简单,在学习过程中要注意体验跟踪草绘技术的使用方法。其设计流程如图 5 - 141 所示。

图 5 - 141　设计流程

5.4.2　知识点命令介绍:跟踪草绘

在"造型曲面"模块中,利用跟踪草绘技术可以方便地根据图片来获取必要的造型数据。但在实际的工作中,设计师提供的视图都是多角度多视图的,需要把这些视图都拼到 Creo 的设计环境中,以方便设计者参考各个视图的尺寸,但要注意的是,这些视图之间的尺寸未必都是能够对应得上的,所以我们在拼图的时候要注意进行取舍。一般的原则是:保证重要尺寸,摊分形状偏差,利用辅助基准。

5.4.3　操作步骤

① 单击"模型"选项卡"基准"区域中的"草绘"按钮 ,在 TOP 平面上绘制如图 5-142 所示的草图。

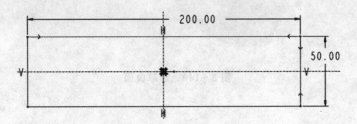

图 5 - 142　创建草图

② 单击"视图"选项卡中"模型显示"区域的"追踪草绘"按钮,弹出"追踪草绘"选项卡,单击"图像"区域的"添加"按钮 ,选择 TOP 平面,弹出"打开"对话框,选择源文件中的"吹风机.jpg",将图片导入到 TOP 平面上。单击"追踪草绘"选项卡中"方向"区域的"旋转"按钮 的下拉按钮中选择"向左转 90°"按钮,来拖动图片周围图框的角点,将图片中的吹风机放大并将其放入矩形草绘框中,如图 5 - 143 所示,单击"确定"按钮,退出"追踪草绘"选项卡。

216

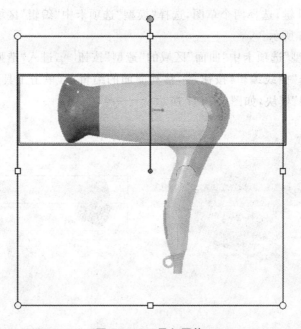

图 5 - 143 导入图片

③ 单击"模型"选项卡中"基准"区域的"草绘"按钮⬚，在 TOP 平面上绘制一个圆弧，如图 5 - 144 所示。

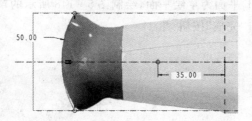

图 5 - 144 绘制圆弧

④ 单击"模型"选项卡中"基准"区域的"草绘"按钮⬚，在 RIGHT 平面上绘制如图 5 - 145 所示的草图。

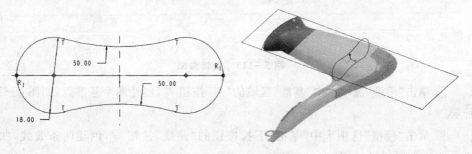

图 5 - 145 绘制草图

⑤ 按住 Ctrl 键,选择两个草图,选择"模型"选项卡中"编辑"区域的"相交"按钮,结果如图 5-146 所示。

⑥ 单击"模型"选项卡中"曲面"区域的"造型"按钮▢,进入"造型"模块,单击"曲线"按钮~,单击"曲线编辑"按钮◢,移动曲面的编辑点,单击工具栏中的"完成"按钮✔,退出"造型"模块,如图 5-147 所示。

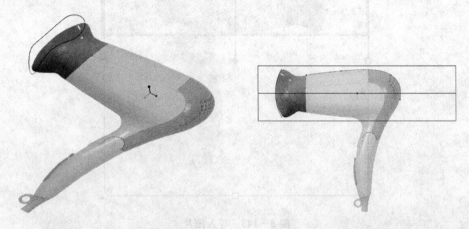

图 5-146　创建相交曲线　　　　　　　　　　图 5-147　绘制曲线

⑦ 单击"模型"选项卡中"形状"区域的"旋转"按钮◈,在控制面板中单击"曲面"按钮▢,选择 FRONT 平面为草绘平面,绘制图 5-148 所示的草图,在控制面板中输入旋转角度 360,单击"完成"按钮✔。

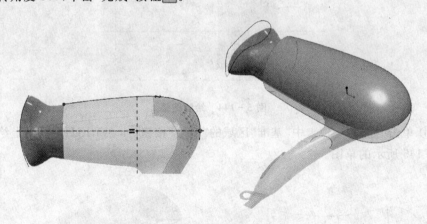

图 5-148　旋转曲面

⑧ 单击"模型"选项卡中"基准"区域的"点"按钮✷,创建两个基准点,如图 5-149 所示。

⑨ 单击"模型"选项卡中"基准"下拉按钮的"曲线"按钮~,创建两条曲线,曲线的一端与曲面相切,如图 5-150 所示。

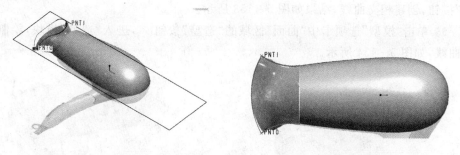

图 5 - 149　创建基准点　　　　　　　图 5 - 150　绘制曲线

⑩ 单击"模型"选项卡中"曲面"区域的"边界混合"按钮 ⚑，创建一个边界曲面，如图 5 - 151 所示。

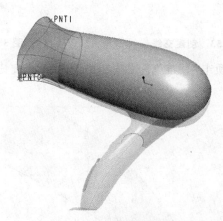

图 5 - 151　创建曲面

⑪ 单击"模型"选项卡中"形状"区域的"拉伸"按钮 ⚑，绘制草图切割曲面，结果如图 5 - 152 所示。

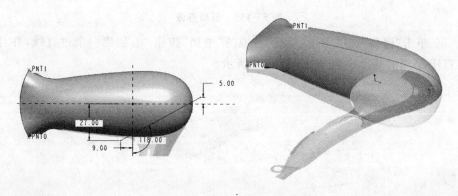

图 5 - 152　切割曲面

⑫ 按住 Ctrl 键，选择 TOP 平面和曲面，单击"模型"选项卡中"编辑"区域的"相

219

交"按钮,创建相交曲线,结果如图 5-153 所示。

⑬ 单击"模型"选项卡中"曲面"区域的"造型"按钮,进入"造型"模块,绘制两条曲线,如图 5-154 所示。

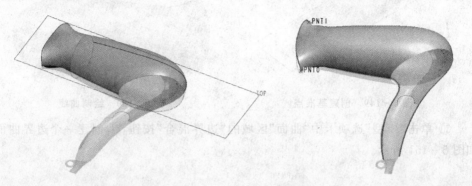

图 5-153　创建交线　　　　　图 5-154　绘制曲线

⑭ 单击"模型"选项卡"基准"下拉按钮中的"曲线"按钮,创建一条直线,如图 5-155 所示。

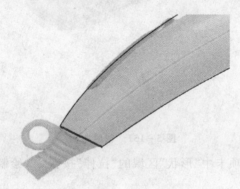

图 5-155　创建直线

⑮ 单击"模型"选项卡中"基准"区域的"平面"按钮,创建一个过直线,并且垂直 TOP 平面的基准平面,如图 5-156 所示。

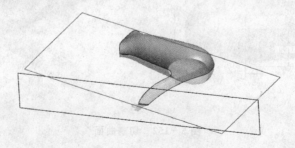

图 5-156　创建基准平面

⑯单击"模型"选项卡中"基准"区域的"草绘"按钮，在新创建的基准平面上绘制一个半圆，如图 5-157 所示。

⑰单击"模型"选项卡中"基准"区域的"平面"按钮，创建一个基准平面，如图 5-158 所示。

⑱单击"模型"选项卡中"基准"区域的"点"按钮，创建两个基准点，如图 5-159 所示。

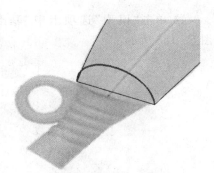

图 5-157　绘制草图

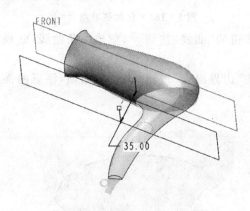

图 5-158　创建一个基准平面

图 5-159　创建基准点

⑲单击"模型"选项卡中"基准"区域的"草绘"按钮，在新创建的基准平面上绘制一个半圆，如图 5-160 所示。

⑳单击"模型"选项卡中"曲面"区域的"边界混合"按钮，创建曲面，注意曲面连接关系，如图 5-161 所示。

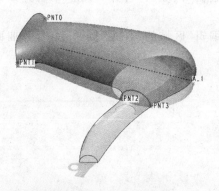

图 5-160　创建圆弧

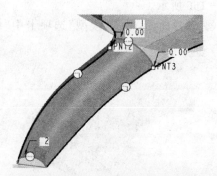

图 5-161　创建曲面

㉑单击"模型"选项卡中"形状"区域的"拉伸"按钮，创建一个拉伸曲面，尺寸不是很严格，形状位置基本一致就可以了，结果如图 5-162 所示。

㉒ 单击"模型"选项卡中"基准"区域的"点"按钮❖，创建两个基准点，如图 5-163 所示。

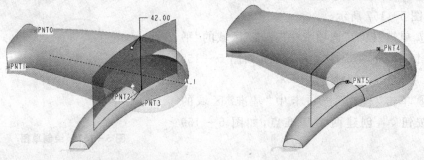

图 5-162　创建拉伸曲面　　　　图 5-163　创建基准点

㉓ 单击"模型"选项卡中"基准"下拉按钮的"曲线"按钮～，创建一条曲线，曲线两端与曲面相切，如图 5-164 所示。

㉔ 单击"模型"选项卡中"曲面"区域的"边界混合"按钮❖，创建曲面，注意曲面连接关系，如图 5-165 所示。

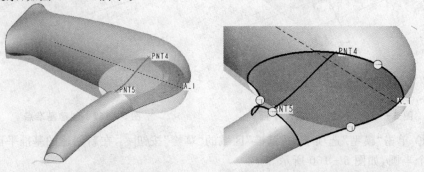

图 5-164　创建曲线　　　　　图 5-165　创建曲面

㉕ 选择曲面，单击"模型"选项卡中"编辑"区域的"合并"按钮❖，合并曲面，如图 5-166 所示。

㉖ 选择曲面，单击"模型"选项卡中"编辑"区域的"合并"按钮❖，合并曲面，如图 5-167 所示。

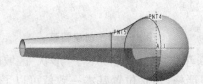

图 5-166　复制曲面　　　　　图 5-167　镜像复制曲面

㉗ 选择曲面,单击"模型"选项卡中"编辑"区域的"合并"按钮 ，合并曲面,如图 5 - 168 所示。

㉘ 单击"模型"选项卡中"曲面"区域的"填充"按钮,创建一个填充曲面,结果如图 5 - 169 所示。

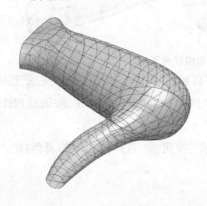

图 5 - 168　合并曲面

图 5 - 169　填充曲面

㉙ 选择曲面,单击"模型"选项卡中"编辑"区域的"合并"按钮 ，合并曲面,如图 5 - 170 所示。

㉚ 单击"模型"选项卡中"形状"区域的"拉伸"按钮 ，创建一个拉伸曲面,尺寸不是很严格,形状位置基本一致就可以了,结果如图 5 - 171 所示。

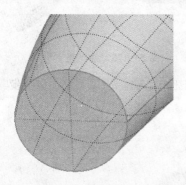

图 5 - 170　合并曲面

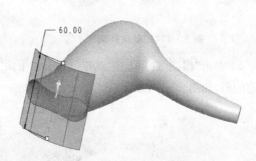

图 5 - 171　创建拉伸曲面

㉛ 选择曲面,单击"模型"选项卡中"编辑"区域的"合并"按钮 ，合并曲面,如图 5 - 172 所示。

㉜ 选择曲面,单击"模型"选项卡中"编辑"区域的"偏移"按钮,在"偏移"选项卡中选择"具有把模特征" ，加入偏移深度1.5,拔模角度30,单击"参照"按钮,单击"草绘"区域

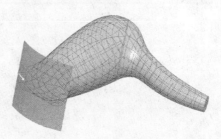

图 5 - 172　合并曲面

中的"定义"按钮,绘制草图,结果如图 5 - 173 所示。

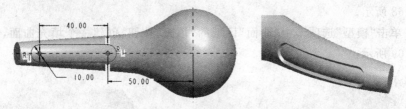

图 5 - 173　创建偏移曲面

㉝ 选择曲面,单击"模型"选项卡中"编辑"区域的"实体化"按钮,单击"完成"按钮 ✔。

㉞ 单击"模型"选项卡中"工程"区域的"倒圆角","圆角"按钮 ,创建两个半径为 0.5 的圆角,如图 5 - 174 所示。

㉟ 单击"模型"选项卡中"工程"区域的"壳"按钮 ,选择要去除的表面,输入壳体厚度 2,结果如图 5 - 175 所示。

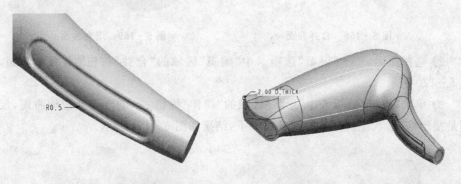

图 5 - 174　创建圆角　　　　　　**图 5 - 175　抽　壳**

㊱ 单击"模型"选项卡中"基准"区域的"平面"按钮 ,选择 RIGHT 平面以及步骤㉖创建的点,如图 5 - 176 所示。

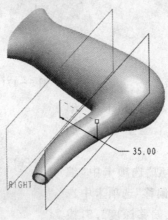

图 5 - 176　创建基准平面

㊲ 单击"模型"选项卡中"形状"区域的"拉伸"按钮▣,创建一个拉伸孔,结果如图 5 - 177 所示。

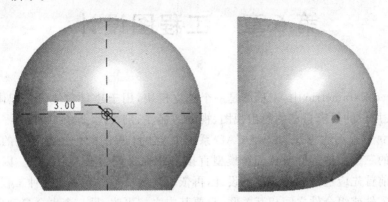

图 5 - 177　创建拉伸孔

㊳ 选择拉伸孔特征,单击"模型"选项卡中"编辑"区域的"阵列"按钮▦,在"阵列"选项卡中选择"填充"、"正方形",单击"参考"按钮,单击"草绘"区域中的"编辑"按钮,绘制草图,设置其他参数,结果如图 5 - 178 所示。

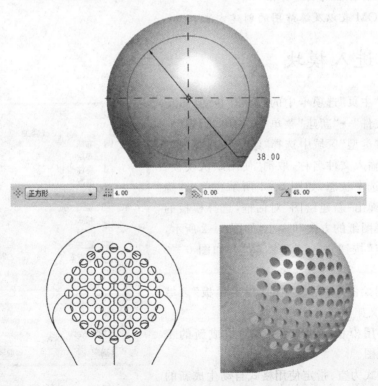

图 5 - 178　创建阵列特征

第6章　工程图设计

在 Creo Parametric 中,工程图是一个独立模块,用于建立零件或装配体的工程视图,可按用户的要求自动创建出视图、视图的标注、剖视图和辅助视图等。在 Creo 系统中建立工程图的思想与二维 CAD 系统中绘制工程图的思想是互逆的,它是利用已存在的三维实体零件或装配体模型直接生成所要求的第一个视图。因此,建立工程图之前首先应进行三维零件的设计,再依不同的投影关系生成各种工程图,并且工程图与零件或组合件之间相互关联,只要其中之一更改,另一个也会自动更改。这些大大提高了绘制工程图的效率。

本章知识要点:
☆ 各种视图的创建方法
☆ 各种标注的创建方法
☆ BOM 表以及爆炸图的创建方法

6.1　进入模块

单击"主页"选项卡中的"新建"按钮 📄,或者选择"文件"→"新建"菜单项,弹出"新建"对话框。在"类型"区域中选择"绘图",在"名称"文本框中输入文件名称,取消"使用默认模板"单选项的选中状态,如图 6-1 所示。单击"确定"按钮,弹出"新建绘图"对话框,选择模板的类型,选择图纸的方向和大小,如图 6-2 所示,单击"确定"按钮进入工程图模块,如图 6-3 所示。

"新建绘图"对话框中的"指定模板"区域中选项含义如下。

- 使用模板:使用模板自动生成新的工程图。
- 格式为空:指定使用格式自动生成新的工程图。

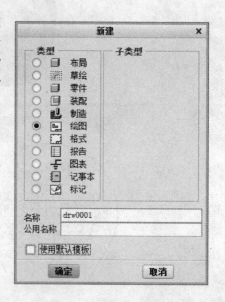

图 6-1　"新建"对话框

- 空:选择图纸放置方向与大小生成的空白工程图。

图 6 - 2　"新建绘图"对话框

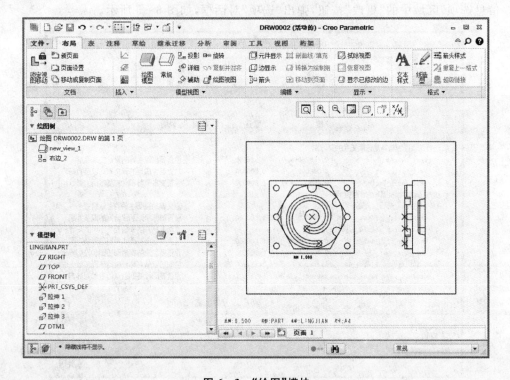

图 6 - 3　"绘图"模块

6.2　参数与配置

在 Creo Parametric 中，用户可以根据不同的配置文件指定不同的工程图格式。配置文件指定了图纸中一些内容的通用特征，如尺寸和注释的文本高度、文本方向、几何公差标准、字体属性、制图标准等。配置文件默认的文件扩展名为 * .dtl。

用户可以根据企业的情况配置一个适合企业使用的 dtl 文件，并在 config. pro 文件中指定配置文件的路径和名称。在选项栏中输入 drawing_setup_file，在"值"栏中输入 dtl 文件路径。如果没有指定配置文件，系统会利用默认的配置文件。

除了用户自己配置的 dtl 文件外，软件中还自带了几种常用的 dtl 文件，选择"文件"→"准备"→"绘图属性"菜单项，系统弹出"绘图属性"对话框，如图 6 - 4 所示，单击"详细信息选项"区域中的"更改"按钮，弹出"选项"对话框，如图 6 - 5 所示。

图 6 - 4　"绘图属性"对话框

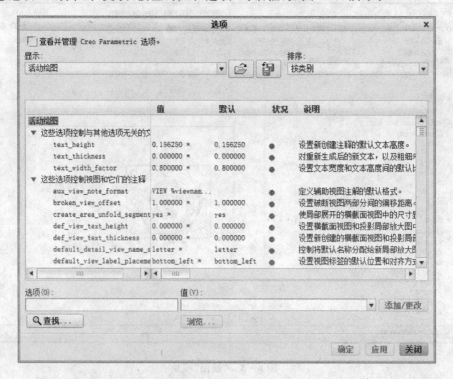

图 6 - 5　"选项"对话框

单击"选项"对话框的"打开"按钮，弹出"打开"对话框，找到 X:\Program Files\PTC\Creo 1.0\Common Files\M010\text 文件夹，该文件夹中有几个 dtl 文件，打开较常用的 ISO. dtl 文件，单击"应用"按钮，软件会加载 ISO. dtl 中的各项配置，除了自动加载的配置外，还要记住表 6-1 中列出的各项参数的配置，用户可以根据使用要求自行更改。

表 6-1　配置参数

参数名称	设置
drawing_text_height(工程图文本默认高度)	3.5
Text_width_factor(文本宽度比例因子)	0.8
projection_type(投影角法)	first_angle
view_scale_denominator(确定视图比例的分母)	10
view_scale_format(视图比例格式)	ratio_colon
tol_display(尺寸公差显示)	yes
default_font(默认文本字体)	font
aux_font(辅助文本字体)	1 filled
lead_trail_zeros(控制前、后缀零的显示)	both
angdim_text_orientation(角度标注文本的方位)	horizontal
text_orientation(标注文本的定位)	iso_parallel_diam_horiz
draw_arrow_length(标注箭头的长度)	3.5
draw_arrow_style(标注箭头的样式)	filled
drawing_unit(工程图参数的单位)	mm
gtol_datums(几何公差参照基准的显示样式)	STD_ISO
decimal_marker(小数点的符号)	comma_for_metric_dual
sym_flip_rotated_text(符号相反旋转文本)	yes

6.3　创建投影视图

6.3.1　创建主视图

单击"布局"选项卡中"模型视图"区域的"常规"按钮，弹出"选择组合状态"对话框，如图 6-6 所示。单击"确定"按钮，在图形窗口中间单击，即出现了零件的轴向视图和"绘图视图"对话框，在"视图方向"区域中调整零件视图的方向，单击"确

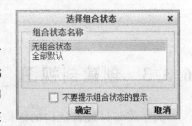

图 6-6　"选择组合状态"对话框

定"按钮即生成第一个视图,如图 6-7 所示。

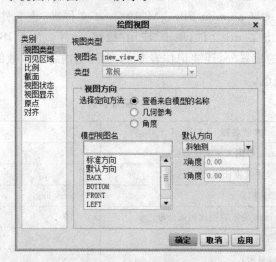

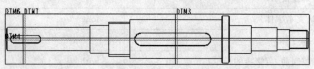

图 6-7　生成主视图

6.3.2　创建投影视图

　　选中主视图(此时主视图周围有一圈红色边框)并右击,在弹出的快捷菜单中选择"插入投影视图"选项,移动光标并在适当的位置单击,即生成了投影视图,如图 6-8 所示。选择视图单击"布局"选项卡"模型视图"选显卡中的"投影"按钮 ,同样可以创建投影视图。

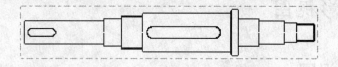

图 6-8　生成投影视图

6.3.3　创建剖视图

　　为了将零件或者机构的结构表示清楚,常常需要创建一些剖视图来表示其内部结构。Creo Parametric 并不能直接生成剖视图,而是要先生成一个投影视图,再把这个投影视图转换为剖视图。双击视图,弹出"绘图视图"对话框,在左侧"类别"栏里选择"截面"选项,右侧"截面选项"区域中选择"2D 横截面"选项,单击 ➕ 按钮,开始指定剖面,如图 6-9 所示。

图 6-9　"绘图视图"对话框

系统弹出"菜单管理器",选定横截面类型为"平面"→"单一",如图 6-10 所示。单击"完成"按钮,在信息提示栏中输入横截面名称,选择剖切平面,返回"绘图视图"对话框,单击"应用"按钮,如图 6-11 所示。

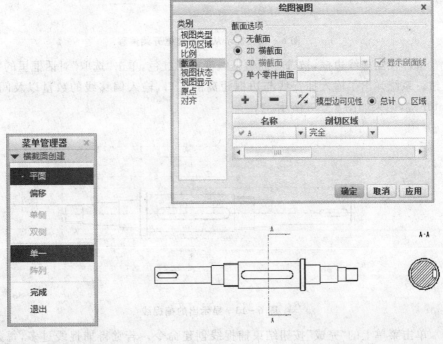

图 6-10　设置剖面类型　　　　　　　**图 6-11　生成剖视图**

6.4　尺寸标注

标注尺寸有自动标注和手动标注两种方式。自动标注还不太智能化,标注的尺寸还需要做很多调整,否则难以反映设计意图,故手工标注更实用。

6.4.1　创建捕捉线

为了使要对齐的标注的尺寸位于同一高度上,需要先创建捕捉线。当标注尺寸时,尺寸线就会自动落在捕捉线上。单击"注释"选项卡"编辑"区域下拉按钮,选择"创建捕捉线"按钮 ▦ 创建捕捉线,系统弹出"捕捉线"菜单管理器,系统默认选择"偏移视图",同时在视图周围出现蓝色虚线边框,如图 6 - 12 所示。

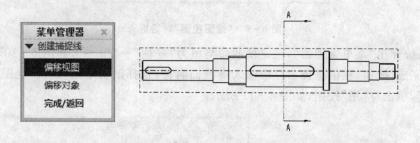

图 6 - 12　提示从视图边框开始偏移

选择视图虚线边框,被选中的边框线变成了红色,单击"选取"对话框里的"确定"按钮。系统弹出了输入捕捉线与边框距离的窗口,输入偏移线的数量以及间距,按Enter 键,结果如图 6 - 13 所示。

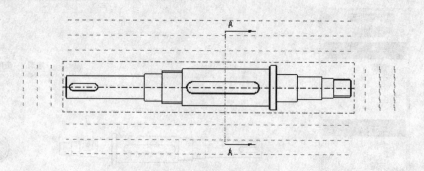

图 6 - 13　显示出的捕捉线

单击菜单上的"完成"按钮结束捕捉线创建命令。若觉得捕捉线过多,每条捕捉线都可以单独删除。

6.4.2 标注线性尺寸

单击"注释"选项卡"注释"区域中的"尺寸"按钮 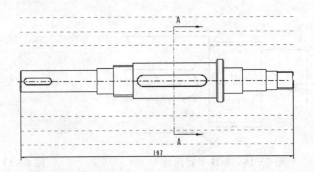 尺寸，弹出"菜单管理器"，系统默认的标注方式是"图元上"，选择轴两端边线，再将鼠标挪到轴中间"A"字下方，单击鼠标中键，即生成了线性尺寸，如图6-14所示。

图6-14 标注线性尺寸

6.4.3 标注圆直径尺寸

单击"注释"选项卡中"注释"区域的"尺寸"按钮 尺寸，双击轴右侧投影上的外圆轮廓，再将鼠标挪到旁边，单击鼠标中键，即标注了外圆的直径尺寸，如图6-15所示。

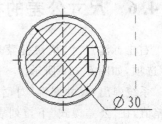

图6-15 标注直径尺寸

6.4.4 标注圆弧半径尺寸

单击"注释"选项卡"注释"区域中的"尺寸"按钮 尺寸，单击键槽右侧的圆弧，再将鼠标挪到旁边，单击鼠标中键，即生成了圆弧的半径尺寸，如图6-16所示。

6.4.5 标注两圆弧的最大距离

单击"注释"选项卡中"注释"区域的"尺寸"按钮 尺寸，先单击键槽左侧的圆弧，再单击键槽右侧的圆弧，将鼠标挪到轴主视图下方再单击鼠标中键，系统弹出菜单询问是从左圆弧的中心还是切向进行标注。选择"相切"选项，又弹出相同的菜单定义右边的圆弧，再选择"相切"选项。系统弹出定义尺寸方向的菜单，单击"水平"选项，即生成两圆弧间的最大距离的尺寸。将尺寸线拉到捕捉线附近,尺寸线即自动落到捕捉线上,如图 6-17 所示。

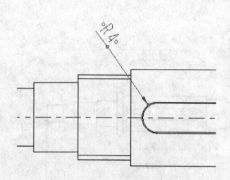

图 6-16　标注半径尺寸

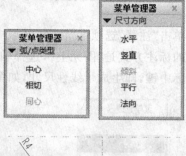

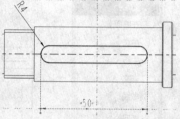

图 6-17　标注两圆弧间的尺寸

6.4.6　尺寸公差的标注

右击标注尺寸,从快捷菜单中选择"属性"选项,如图 6-18 所示。

系统弹出"尺寸属性"对话框,首先设置公差值,在"公差模式"下拉列表中选择"加-减"选项,在"上公差"和"下公差"文本框中输入公差值,单击"确定",如图 6-19 所示。

若"公差模式"未被激活,需要先在"选项"对话框中设置 tol_display = yes, tol_mode=nominal(必须设置此项,否则图面中的尺寸将全有公差)。

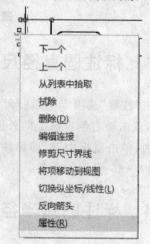

图 6-18　选择尺寸属性

6.4.7　粗糙度的标注

单击"注释"选项卡"注释"区域中的"表面光洁度"按钮 ,弹出"菜单管理器",选择"检索"选项,弹出"打开"对话框,对话框中显示了三个文件夹,文件夹中包含了粗糙度符号中三种不同的符号,即"任何方法"、"移除材料"、"不移除材料",如图 6-20 所示。

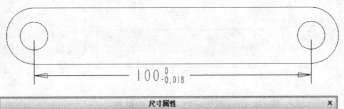

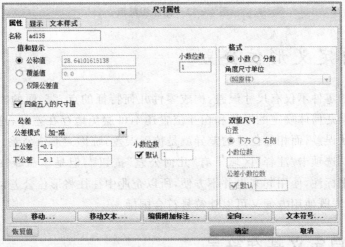

图 6 - 19　设置尺寸公差

图 6 - 20　粗糙度符号

　　文件夹中除了包含基本符号外,还存在一个可以添加参数的粗糙度符号,如图 6 - 21 所示。

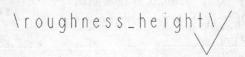

图 6 - 21　可以添加参数的粗糙度符号

　　在"打开"对话框中选择一个可以添加参数的粗糙度符号,单击"打开"按钮,在"菜单管理器"中选择"图元"选项,在绘图区域中选择需要标注粗糙度的图元,输入粗糙度参数,结果如图 6 - 22 所示。

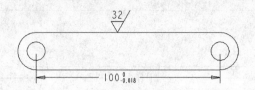

图 6-22 标注粗糙度

6.5 自定义形位公差

加工后的零件不仅有尺寸误差,构成零件几何特征的点、线、面的实际形状或相互位置与理想几何体规定的形状和相互位置还不可避免地存在差异,这种形状上的差异就是形状误差,而相互位置的差异就是位置误差,统称为形位公差。

在"注释"选项卡"注释"区域下有"几何公差"按钮 📴,但是该命令往往不能按照国标的方式来标注,使用起来也并不方便,所以企业中往往将形位公差以及基准自定义为符号,这样既使用方便又可以让符号符合国标。

6.5.1 自定义基准符号

① 单击"注释"选项卡"符号"展开按钮,选择"符号库",弹出菜单管理器,选择"定义"选项,输入符号的名称:jizhun,按 Enter 键,弹出一个专用的符号定义环境。

② 在符号定义环境中选择"视图"→"绘制栅格"菜单项,在"菜单管理器"中选择"网格参数"→"X&Y 坐标单位"选项,输入 0.5,按 Enter 键,选择"显示网格"。

③ 选择"草绘"→"草绘器优先选项"菜单项,弹出"草绘首选项"对话框,如图 6-23 所示,单击"栅格交点"按钮,单击"关闭"选项,这样在绘制图形的时候可以捕捉栅格交点,如果取消"栅格交点"按钮的选择,则将关闭该功能。

④ 在绘图区域中绘制图 6-24 所示的图形,选择"插入"→"注释"→"制作注释"选项,在圆中单击,输入注释文字"\A\",选择文字并右击,在弹出的快捷菜单中选择"属性"选项,弹出"注释属性"对

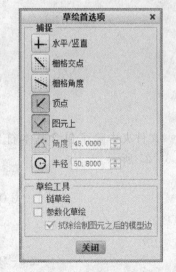

图 6-23 "草绘首选项"对话框

话框,在该对话框中的"文本样式"选项卡中可以修改注释文字的高度,结果如图 6-25 所示。

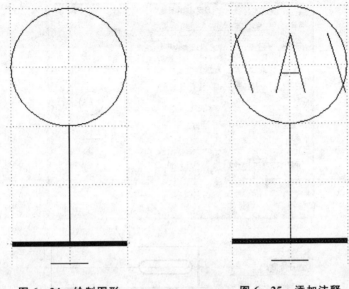

图 6 - 24　绘制图形　　　　　　　　图 6 - 25　添加注释

⑤ 单击菜单管理器中的"符号编辑"→"属性"选项,弹出"符号定义属性"对话框,勾选"垂直于图元"选项,选择图形下方的短横线,在"符号实例高度"区域中选择"可变-绘图单位"选项,在"属性"区域中选择"固定文本角度"选项,如图 6 - 26 所示,最后单击"确定"按钮。

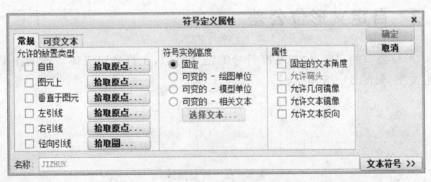

图 6 - 26　"符号定义属性"对话框

⑥ 单击菜单管理器中的"完成"→"写入"选项,按 Enter 键,这样就可以将定义的基准符号保存到"用户符号"文件夹中。

⑦ 单击"注释"选项卡中"注释"区域的"符号"选项的下三角按钮,选择"自定义符号"选项,弹出"自定义绘图符号"对话框。在"定义"区域中选择已定义的基准符号,在"属性"区域中可以设置符号的大小以及符号摆放角度,在"可变文本"选项卡中输入注释字母,在绘图区域中选择需要摆放基准符号的图元,单击鼠标中键,单击"确定"按钮,如图 6 - 27 所示。

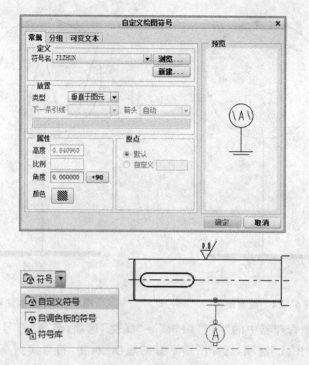

图 6 - 27　插入符号

6.5.2　自定义形位公差

① 形位公差的自定义,与基准符号的定义类似,在符号定义环境绘制图形并注释三组文字,如图 6 - 28 所示。

图 6 - 28　绘制图形

② 单击菜单管理器中的"组"→"创建"选项,输入组的名称 left,在图形中框选属于 left 的图元,如图 6 - 29 所示,使用同样的方法创建另一个组 right。

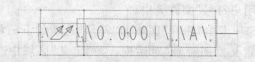

图 6 - 29　选择图元

③ 单击菜单管理器中的"属性"选项,弹出"符号定义属性"对话框。勾选"左引

线"和"右引线"选项,分别选择左右两侧直线的端点,在"符号实例高度"区域中选择
"可变-绘图单位"选项,如图 6-30 所示。

图 6-30 "一般"选项卡

④ 单击"可变文本"选项卡,在"选取可变文本来预设值"区域中选择数字,选择
"浮点"单选钮,如图 6-31 所示。

图 6-31 "可变文本"选项卡

⑤ 在"选取可变文本来预设值"区域中选择符号,勾选"仅预设值"选项,单击"文
本符号"按钮,插入各种形位公差符号,最后单击"确定"按钮,如图 6-32 所示。

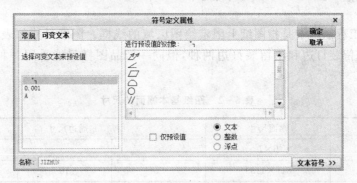

图 6-32 "可变文本"选项卡

⑥ 单击菜单管理器中的"完成"→"写入"选项,按 Enter 键,这样就可以将定义
的基准符号保存到"用户符号"文件夹中。

⑦ 单击"注释"选项卡中"注释"区域的"符号"选项的下三角按钮,选择"自定义

符号"选项,弹出"定制绘图符号"对话框,单击"分组"选项卡,选择 left 或者 right,在"可变文本"选项卡中输入数字、字母以及选择符号。在绘图区域中选择需要摆放形位公差的图元,按一下鼠标中键,单击"确定"按钮,如图 6-33 所示。

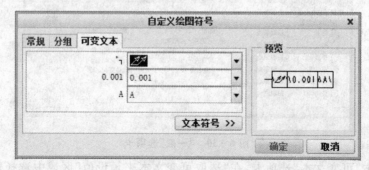

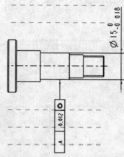

图 6-33　插入形位公差

6.6　自定义工程图模板

　　图框,工程制图中是指图纸上限定绘图区域的线框。图纸尺寸如表 6-2 所列。图框格式有留装订边和不留装订边两种,但同一产品图样只能采用一种格式,如图 6-34 所示。

表 6-2　图纸基本幅面的尺寸

幅面	幅面尺寸	周边尺寸		
代号	$B \times L$	a	c	e
A0	841×1189	25	10	20
A1	594×841	25	10	20
A2	420×594	25	10	10
A3	297×420	25	5	10
A4	210×297	25	5	10

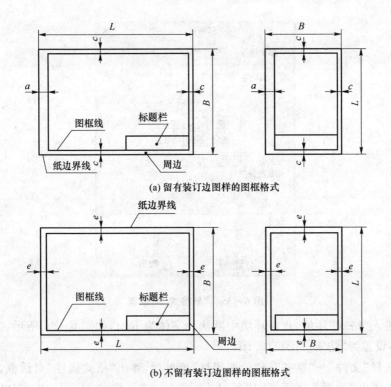

(a) 留有装订边图样的图框格式

(b) 不留有装订边图样的图框格式

图 6－34　图框格式

在 Creo 软件中自带的标题栏并不符合国标,用户只能根据自己的需要自定义一些符合国标图框以及标题栏。

6.6.1　设置字体

定制标准的图框需要使用到仿宋体字体,所以在制作标准图框之前,将字体加入到 Creo 的字库中。

① 找到光盘中的仿宋字体文件"仿宋_GB2312.ttf",将其拷贝到"X：\ PTC\ Creo 1.0\Common Files\M010\text\fonts"下。

② 单击"主页"选项卡中的"新建"按钮 ，或者选择"文件"→"新建"菜单项,弹出"新建"对话框,在"类型"区域内选取"格式",取消"使用缺省模板"的选中状态,在"名称"编辑框中输入文件名称 GB_A3,单击"确定"按钮,弹出"新格式"对话框,在"指定模板"区域中选取"空",在"标准大小"下拉列表中选择 A3,单击"确定"按钮,如图 6－35 所示。

图 6-35 "新格式"对话框

③ 进入"格式"环境,现在环境中默认的字体为 font,如图 6-36 所示,需要将默认的字体设置为"仿宋_GB2312.ttf"。

④ 选择"文件"→"准备"→"绘图属性"菜单项,弹出"格式属性"对话框,单击"更改"按钮,弹出"选项"对话框,选择 default_font 项,将值改为仿宋_GB2312.ttf,如图 6-37 所示,此时环境中的默认字体为仿宋。

图 6-36 默认字体 font

图 6 – 37　"选项"对话框

6.6.2　导入图框

　　① 单击"布局"选项卡中"插入"区域的"格式"环境的"插入"→"共享数据"→"自文件"菜单项,选择光盘中自带的 AutoCAD_a3.dwg 文件,弹出"导入 DWG"对话框,如图 6 – 38 所示。

　　② 选择"导入 DWG"对话框中的"属性"选项卡,单击"文本字体"标签,将 DWG 中的 txt、gdt 两种文本转换为 fangsong_GB2312,如图 6 – 39 所示,单击"确定"按钮,结果如图 6 – 40 所示。

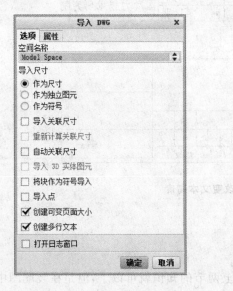

图 6 – 38　"导入 DWG"对话框

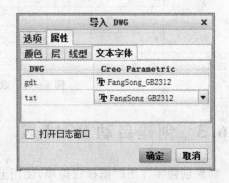

图 6 – 39　修改字体

243

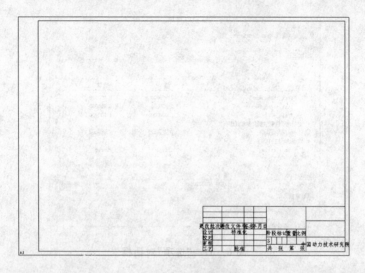

图 6 - 40　插入图框

③ 选择标题栏中的所有文字注释并右击,在弹出的快捷菜单中选择"文本样式"选项,弹出"文本样式"对话框,在"高度"文本框中输入 2.5,单击"确定"按钮,如图 6 - 41所示。

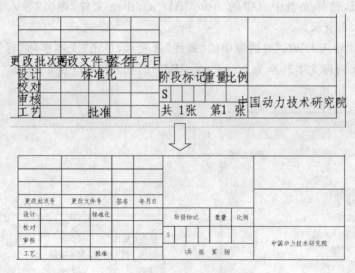

图 6 - 41　改变文本高度

6.6.3　创建自动 BOM 表

如果创建零件图的图框很简单,使用上两节的知识就可以了,但是在装配图中还需要创建 BOM 表。做 BOM 表的时候,首先要制作表格,定义表格的属性,然后添加系统参数,参数可以是系统参数也可以是用户自定义的参数。这样自作的 BOM 表在插入装配件之后,可以自动生成定义的参数。

1.制作表格

① 单击"表"选项卡中"表"区域的"表"下三角按钮,选择插入表,弹出"插入表"对话框,如图 6-42 所示。

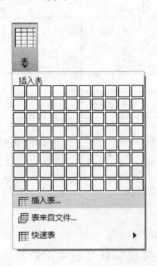

图 6-42 "插入表"对话框

② 在"插入表"对话框中的"方向"区域确定表计算的方向,在"表尺寸"区域中输入表的行数和列数,在"行"与"列"区域中输入相应的尺寸参数,单击"确定"按钮,在绘图区域中单击确定表格的位置,如图 6-43 所示。

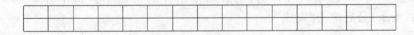

图 6-43 创建表格

③ 单击"表"选项卡中"行和列"区域的"合并单元格"按钮 合并单元格,选择需要合并的单元格,结果如图 6-44 所示。

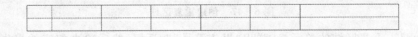

图 6-44 合并单元格

④ 选择需要添加注释文字的单元格并右击,在弹出的快捷菜单中选择"属性"选项,弹出"注解属性"对话框,输入注释文本,单击"文本样式"选项卡,输入文本的高度,在"注解/尺寸"区域中"水平"和"竖直"下拉列表中选择文字的放置位置,单击"确定"按钮,结果如图 6-45 所示。

序 号	名 称	数 量	材 料	重 量	类 型	备 注

图 6 - 45　添加注释

⑤ 将列表移动到标题栏上方,如图 6 - 46 所示。

序 号	名 称	数 量	材 料	重 量	类 型		备 注
更改批次号	更改文件号	签名	年月日				
设计		标准化		阶段标记	重量	比例	
校对							
审核				S			中国动力技术研究院
工艺		批准		共　张　　第　张			

图 6 - 46　移动列表

2. 定义表格属性

将表格定义为"重复区域"。所谓的"重复区域",就是表中用户指定的变量填充的部分,这部分会根据相关模型所含的数据量的大小相应地进行展开或收缩以显示所有符合条件的数据。重复区域的信息是由基于文本的报表符号来决定的,它们以文本的形式填充到重复区域内的表格中。

① 单击"表"选项卡中"数据"区域的"重复区域"按钮▦,弹出"菜单管理器",选择"添加"→"简单"选项,在同一行的表格中的左右两侧单元格中各单击一点,如图 6-47所示,最后单击"完成"。

图 6 - 47　创建重复区域

② 双击重复区域的单元格,弹出"报告符号"对话框,然后单击相应的报告参数,或者单击单元格并右击,在弹出的快捷菜单中选择"属性"选项,然后在文本选项下输入相对应的内容,如图 6 - 48 所示。

- 序号:&rpt.index
- 名称:&asm.mbr.name
- 数量:&rpt.qty

- 材料：&asm.mbr.material
- 重量：&asm.mbr.weight
- 类型：&asm.mbr.type
- 备注：&asm.mbr.备注

&rpt.index	&asm.mbr.name	&rpt.qty	&asm.mbr.material	&asm.mbr.weight	&asm.mbr.type	&asm.mbr.备注
序　号	名　称	数　量	材　料	重　量	类　型	备　注

图 6 - 48　添加参数

③ 此时的模板保存后，导入到装配图中，自动生成的 BOM 表如图 6 - 49 所示。

13	CONNECTING_ROD				PART	
12	PISTON				ASSEMBLY	
11	CRANK				ASSEMBLY	
10	BOLT_5-28				PART	
9	BOLT_5-28				PART	
8	BOLT_5-28				PART	
7	BOLT_5_18				PART	
6	BOLT_5_18				PART	
5	CYLINDER				PART	
4	ENG_BEARING				PART	
3	ENG_BLOCK_FRONT				PART	
2	ENG_BEARING				PART	
1	ENG_BLOCK_REAR				PART	
序　号	名　称	数　量	材　料	重　量	类　型	备　注

图 6 - 49　自动生成 BOM 表

④ 图 6 - 49 中的 BOM 表中存在一些重复的零件，如果要避免这种情况需要在制作模板时，单击"表"选项卡中"数据"区域的"重复区域"按钮，弹出"菜单管理器"，选择"属性"选项，选择定义的重复区域，选择"无多重记录"。再次使用模板套入到装配图中，结果如图 6 - 50 所示。

9	PISTON	1			ASSEMBLY	
8	ENG_BLOCK_REAR	1			PART	
7	ENG_BLOCK_FRONT	1			PART	
6	ENG_BEARING	2			PART	
5	CYLINDER	1			PART	
4	CRANK	1			ASSEMBLY	
3	CONNECTING_ROD	1			PART	
2	BOLT_5_18	2			PART	
1	BOLT_5-28	3			PART	
序　号	名　称	数　量	材　料	重　量	类　型	备　注

图 6 - 50　BOM 表

6.7 综合案例 1：零件图 1

综合案例 1 的零件图如图 6-51 所示。

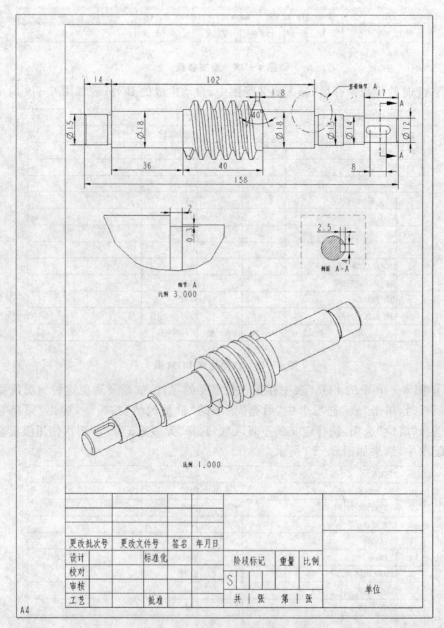

图 6-51 零件图 1

6.7.1　案例分析

该案例是一个蜗杆零件图,蜗杆是一个典型的轴类零件,在绘制的过程中并没有严格意义上去按照零件图的要求绘制。案例中重要使用的都是最基本的工程图创建功能,要重点了解工程图一般的绘制流程,掌握几种简单视图的创建方法,以及标注的创建方法与编辑,另外还需要了解轴侧图定向原理。

6.7.2　操作步骤

① 单击"主页"选项卡中的"新建"按钮 ,或者选择"文件"→"新建"菜单项,弹出"新建"对话框。在类型区域中选择"绘图",在"名称"文本框中输入文件名称,取消"使用缺省模板"的选中状态,在"名称"编辑框中输入文件名称。单击"确定"按钮,弹出"新制图"对话框,在"默认模型"区域中单击"浏览"按钮,选取模型 wogan. prt,在"指定模板"区域中选取"格式为空",单击"浏览"按钮,选择光盘中自带的模板 a4 - prt. frm,单击"确定"按钮,如图 6 - 52 所示。

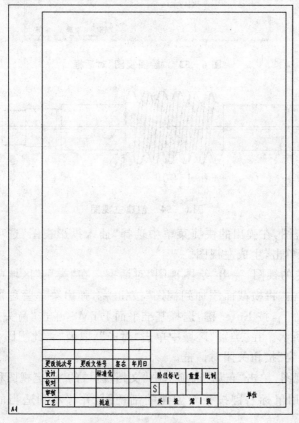

图 6 - 52　进入"绘图"环境

② 选择"文件"→"准备"→"绘图属性"菜单项,系统弹出"绘图属性"对话框,单击"详细信息选项"区域中的"更改"按钮,弹出"选项"对话框,单击对话框中的"打开"按钮 🖼,选择光盘中的 China.dtl 文件,单击"确定"关闭对话框。

③ 单击"布局"选项卡中"模型视图"区域的"常规"按钮 🖳,弹出"选择组合状态"对话框,单击"确定",在绘图区域单击一点,确定视图的中心点,弹出"绘图视图"对话框,如图 6-53 所示。在"视图方向"区域中选择"几何参考"单选钮,在"参照 1"中选择 RIGHT 基准平面,在"参照 2"中选择 FRONT 基准平面。在"类别"区域中单击"比例",选择"定制比例",输入 1,单击"确定"按钮,如图 6-54 所示。

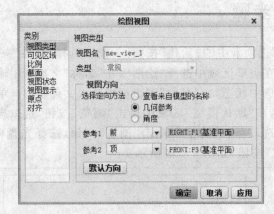

图 6-53 "绘图视图"对话框

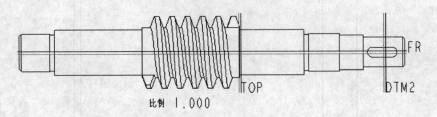

图 6-54 创建主视图

④ 右击主视图,在弹出的快捷菜单中选择"插入投影视图"选项,向右侧移动鼠标在适当的位置单击,生成左视图。

⑤ 双击左侧的视图,弹出"绘图视图"对话框。在"类别"区域中单击"截面",选择"2D 截面",单击"将横截面添加到视图"按钮 ➕,弹出菜单管理器,选择"完成"选项,输入截面名称 A,按 Enter 键,选择基准平面 DTM2,单击"箭头显示"栏选择主视图,如图 6-55 所示。在"类别"区域中单击"对齐",取消"将此视图与其他视图对齐"单选钮,单击"确定"按钮关闭对话框。

⑥ 选择剖视图,单击"布局"选项卡中"文档"区域的"锁定视图移动"按钮 🖼,取消其选择状态,使用鼠标右键按住新创建的剖视图,并移动到适当的位置上,结果如图 6-56 所示。

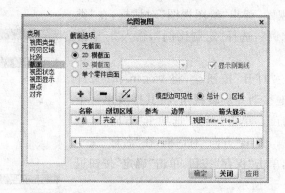

图 6 - 55　"绘图视图"对话框

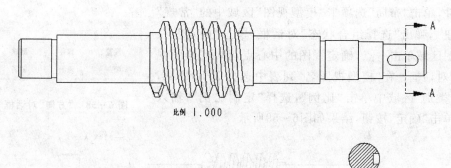

图 6 - 56　移动剖视图

⑦ 单击"布局"选项卡中"模型视图"区域的"详细"按钮 ，在视图上单击一点，确定详细视图的中心点，围绕中心点单击几点绘制一个样条曲线，最后单击鼠标中间封闭样条曲线，最后在适当位置单击，确定详细视图的放置的位置，如图 6 - 57 所示。

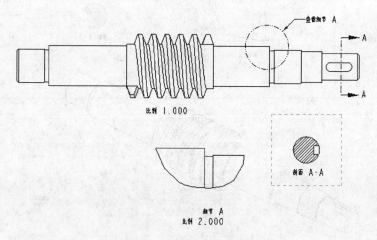

图 6 - 57　创建详细视图

⑧ 双击详细视图,弹出"绘图视图"对话框,在"类别"区域中单击"比例",选择"定制比例",输入 3,单击"确定"按钮。

⑨ 单击工具栏"打开"按钮，将 wogan. prt 文件打开,按住鼠标中键移动并旋转视角,将其摆放出一个适合做轴测图的角度。单击"视图"选项卡"方向"区域"重定向"按钮，弹出"方向"对话框,在"名称"文本框中输入"zhouce",单击"保存"按钮,单击"确定"按钮退出对话框,如图 6-58 所示。

⑩ 单击工具栏中的"窗口"按钮，选择工程图文件,单击"布局"选项卡"模型视图"区域中的"常规"按钮,弹出"选择组合状态"对话框,单击"确定",在绘图区域单击一点,确定视图的中心点,弹出"绘图视图"对话框。在"模型视图名"列表中选择 ZHOUCE,在"类别"区域中单击"比例",选择"定制比例",输入1,单击"确定"按钮,结果如图6-59所示。

图 6-58 "方向"对话框

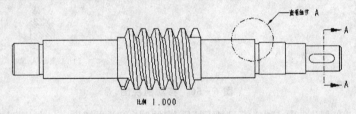

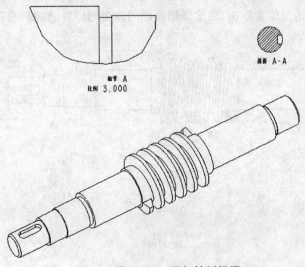

图 6-59 添加轴侧视图

⑪ 单击"注释"选项卡中"注释"区域的"尺寸"按钮 ，选择一个或者两个图元,单击鼠标中键,进行尺寸标注,如图 6-60 所示。

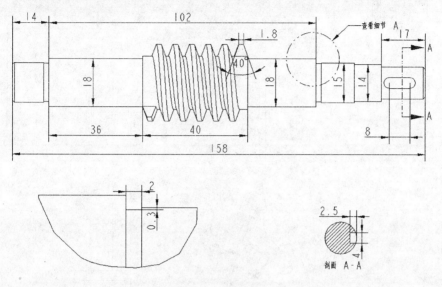

图 6-60　尺寸标注

⑫ 双击需要带有直径符号的尺寸标注,弹出"尺寸属性"对话框,单击"显示"单选卡,单击"前缀"文本框,单击"文本符号"按钮,插入一个直径符号,如图 6-61 所示,使用同样的方法添加其他直径符号。

图 6-61　添加直径符号

6.8　综合案例 2:零件图 2

综合案例 2 的零件图如图 6-62 所示。

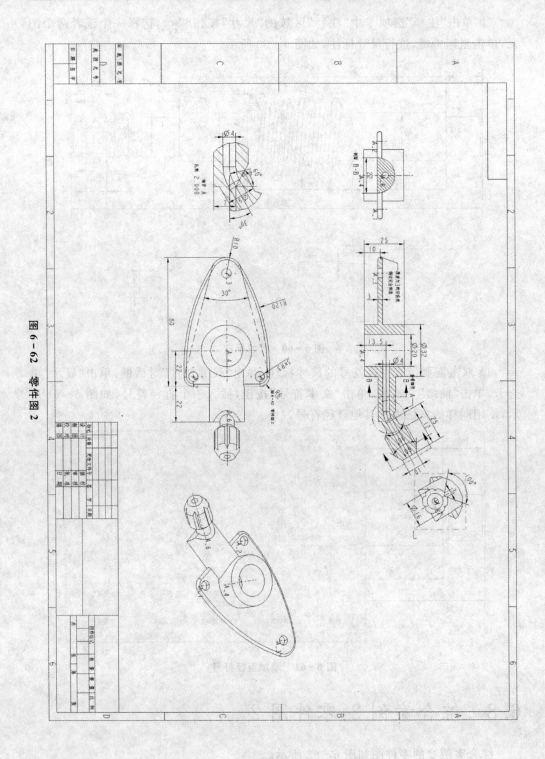

图 6-62 零件图 2

6.8.1 案例分析

该案例视图比较多,视图的类型也比较多,在创建过程中要注意辅助视图以及剖视图的创建方法。

6.8.2 操作步骤

① 单击"主页"选项卡中的"新建"按钮 ,或者选择"文件"→"新建"菜单项,弹出"新建"对话框,在类型区域中选择"绘图",在"名称"文本框中输入文件名称,取消"使用默认模板"的选中状态,在"名称"编辑框中输入文件名称,单击"确定"按钮,弹出"新制图"对话框。在"默认模型"区域中单击"浏览"按钮,选取模型 lingjian2. prt,在"指定模板"区域中选取"格式为空",单击"浏览"按钮,选择光盘中自带的模板 a3 - prt. frm,单击"确定"按钮,如图 6 - 63 所示。

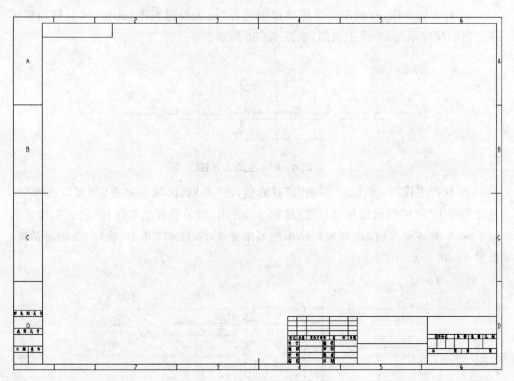

图 6 - 63 进入"绘图"环境

② 选择"文件"→"准备"→"绘图属性"菜单项,系统弹出"绘图属性"对话框,单击"详细信息选项"区域中的"更改"按钮,弹出"选项"对话框,单击对话框中的"打开"

⑥ 双击剖视图中的剖面线,弹出"菜单管理器",选择"间距"→"值"选项,输入2,按 Enter 键,如图6-67所示。

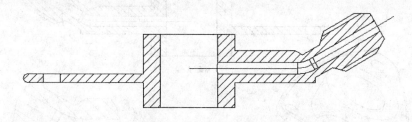

图6-67 改变剖面线密度

⑦ 单击"布局"选项卡中"模型视图"区域的"详细"按钮 详细,在视图上单击一点,确定详细视图的中心点,围绕中心点单击几点绘制一个样条曲线,最后单击鼠标中键封闭样条曲线,最后在适当位置单击,确定详细视图的放置的位置,如图6-68所示。

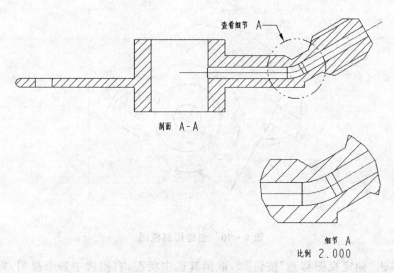

图6-68 创建详细视图

⑧ 单击"布局"选项卡中"模型视图"区域的"辅助"按钮 辅助,选择直线 AB,向下方移动鼠标,单击,如图6-69所示。

⑨ 双击步骤⑧创建的辅助视图,弹出"绘图视图"对话框。在"类别"区域中单击"视图类型",选中"添加投影箭头"单选钮。在"类别"区域中单击"可见区域",在"视图可见性"下拉菜单中选择"局部视图",在辅助视图上单击一点,确定详细视图的中心点,围绕中心点单击几点绘制一个样条曲线,最后单击鼠标中间封闭样条曲线,最后在"绘图视图"对话框中单击"确定"按钮,结果如图6-70所示。

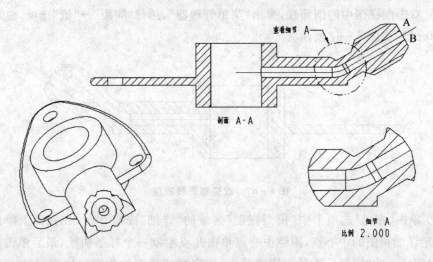

图 6-69 创建辅助视图

图 6-70 创建局部视图

⑩ 单击"锁定视图移动"按钮，取消其选中状态，右击选中各个视图，将其移动到适当的位置上，结果如图 6-71 所示。

⑪ 右击主视图，在弹出的快捷菜单中选择"插入投影视图"选项，向左侧移动鼠标在适当的位置单击，如图 6-72 所示。

⑫ 双击上一步创建的视图，弹出"绘图视图"对话框，在"类别"区域中单击"剖面"，选择"2D 截面"，单击"将横截面添加到视图"按钮，弹出"菜单管理器"，选择"偏距"→"完成"选项，输入截面名称 B，按 Enter 键，进入零件设计环境中。选择 FRONT 平面，进入草绘截面中，绘制一条竖线，如图 6-73 所示，单击"完成"按钮返回工程图环境，在"绘图视图"对话框中单击"箭头显示"栏选择主视图，如图 6-74 所示。

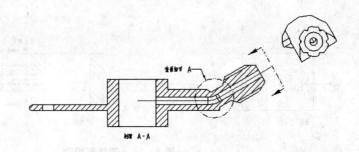

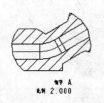

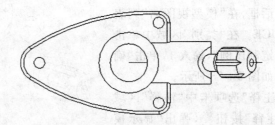

图 6 - 71　调整视图位置

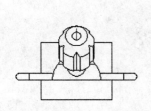

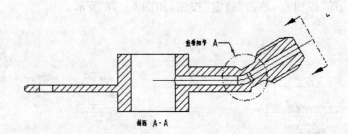

图 6 - 72　创建投影视图

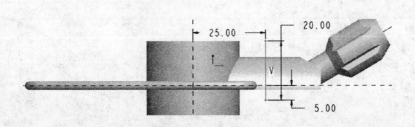

图 6 - 73　绘制剖切线

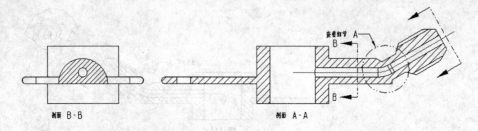

剖面 B-B   剖面 A-A

图 6-74　创建剖视图

⑬ 单击"布局"选项卡中"模型视图"区域的"常规"按钮，在绘图区域的空白位置单击一点，确定视图的中心点，弹出"绘图视图"对话框，在"模型视图名"列表中选择 ZHOUCE。在"类别"区域中单击"比例"，选择"定制比例"，输入 1，单击"确定"按钮，结果如图 6-75 所示。

⑭ 单击"注释"选项卡中"注释"区域的"显示模型注释"按钮，弹出"显示模型注释"对话框，单击"显示模型基准"按

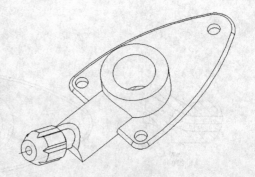

图 6-75　创建轴侧视图

钮，在"类型"列表中选择"轴"，按住 Ctrl 键，选择需要标注中心线的视图，单击"选择"按钮，单击"确定"按钮，如图 6-76 所示。

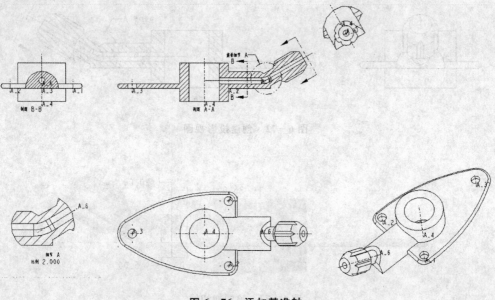

图 6-76　添加基准轴

⑮ 单击"草绘"选项卡中"草绘"区域的"线"按钮，弹出"捕捉参照"对话框，单击"选取参照"按钮，选择两个圆弧为参照，单击"确定"按钮，再捕捉圆弧两端点绘制两条直线，如图 6 - 77 所示。

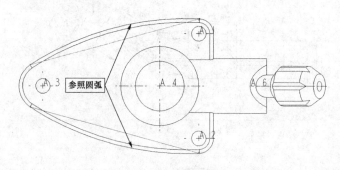

图 6 - 77　绘制直线

⑯ 使用同样的方法绘制其他直线，如图 6 - 78 所示。

⑰ 双击步骤⑯中绘制的直线，弹出"修改线造型"对话框，在"线型"下拉列表中选择"控制线"，单击"应用"和"关闭"按钮，结果如图 6 - 79 所示。使用同样的方法修改其他绘制直线的线型。

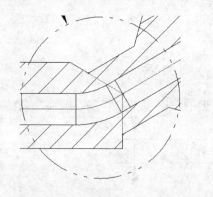
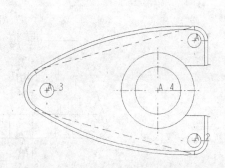

图 6 - 78　绘制直线　　　　　　　　**图 6 - 79　修改线型**

⑱ 单击"注释"选项卡中"注释"区域的"尺寸"按钮，选择一个或者两个图元，按一下鼠标中键，进行尺寸标注，如图 6 - 80 所示。

⑲ 单击"注释"选项卡中"注释"区域的"注释"按钮，弹出"菜单管理器"，选择"带引线"→"制作注释"→"点"选项，选择图元，在适当的位置单击鼠标中键，输入注释的文字，按 Enter 键，结果如图 6 - 81 所示。

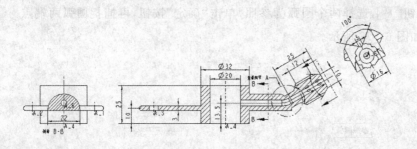

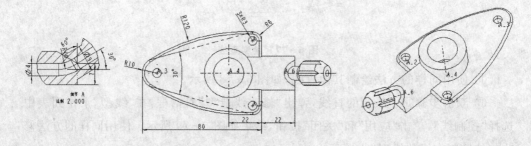

图 6-80　标注尺寸

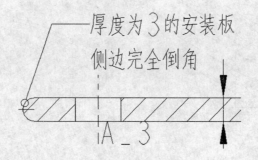

图 6-81　创建注释

6.9　综合案例 3：零件图 3

综合案例 3 的零件图如图 6-82 所示。

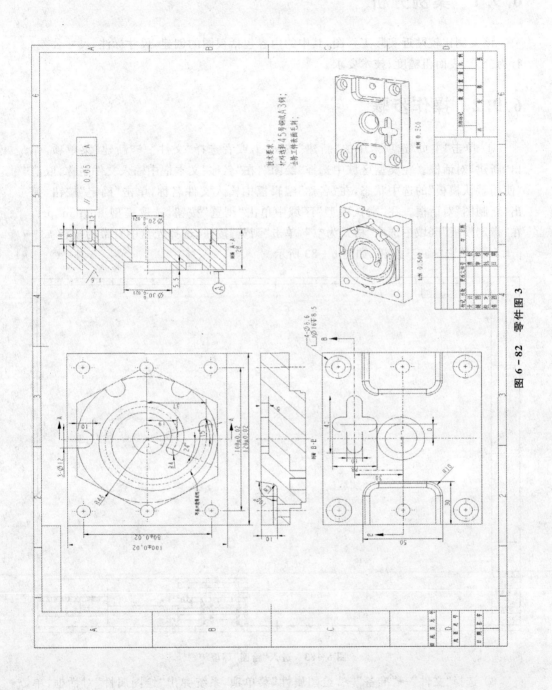

图 6－82　零件图 3

263

6.9.1 案例分析

该案例比较贴近实际工程图,其中的内容包括视图的创建,尺寸标注、尺寸公差、行为公差、表面粗糙度、技术要求。

6.9.2 操作步骤

① 单击"主页"选项卡中的"新建"按钮,或者选择"文件"→"新建"菜单项,弹出"新建"对话框。在类型区域中选择"绘图",在"名称"文本框中输入文件名称,取消"使用默认模板"的选中状态,在"名称"编辑框中输入文件名称,单击"确定"按钮,弹出"新制图"对话框。在"默认模型"区域中单击"浏览"按钮,选取模型 lingjian.prt,在"指定模板"区域中选取"格式为空",单击"浏览"按钮,选择光盘中自带的模板 a3 - prt.frm,单击"确定"按钮,如图 6 - 83 所示。

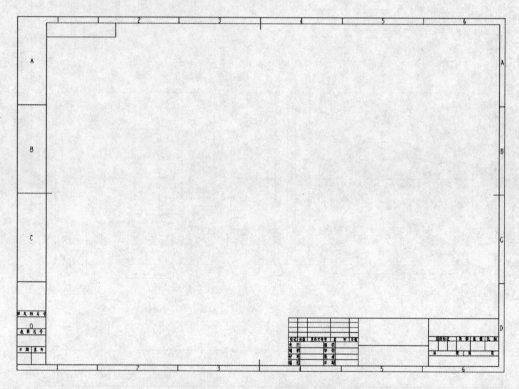

图 6 - 83 进入"绘图"环境

② 选择"文件"→"准备"→"绘图属性"菜单项,系统弹出"绘图属性"对话框,单击"详细信息选项"区域中的"更改"按钮,弹出"选项"对话框,单击对话框中的"打开"

按钮 ，选择光盘中的 China. dtl 文件，单击"确定"关闭对话框。

③ 单击"布局"选项卡中"模型视图"区域的"常规"按钮，弹出"选择组合状态"对话框，单击"确定"，在绘图区域单击一点，确定视图的中心点，弹出"绘图视图"对话框，在"视图方向"区域"模型视图名"列表中选择 TOP，单击"确定"按钮，如图 6-84所示。

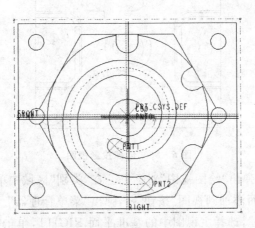

图 6-84　创建主视图

④ 右击主视图，在弹出的快捷菜单中选择"插入投影视图"选项，向右侧移动光标在适当的位置单击，生成左视图，使用同样的方法创建俯视图，如图 6-85 所示。

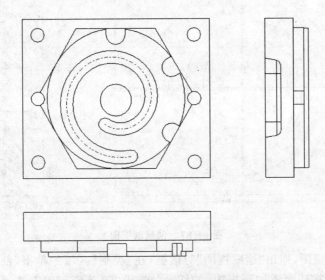

图 6-85　创建左视图以及俯视图

⑤ 右击俯视图，在弹出的快捷菜单中选择"插入投影视图"选项，向下方移动光标在适当的位置单击，生成投影视图，如图 6-86 所示。

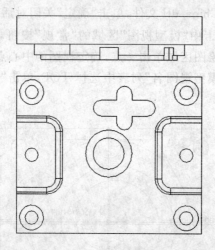

图 6－86　创建投影视图

⑥ 双击左视图,弹出"绘图视图"对话框。在"类别"区域中单击"剖面",选择"2D 截面",单击"将横截面添加到视图"按钮 + ,弹出"菜单管理器",选择"完成",输入截面名称 A,按 Enter 键,选择主视图中的基准平面 RIGHT,单击"确定"关闭对话框,如图 6－87 所示。

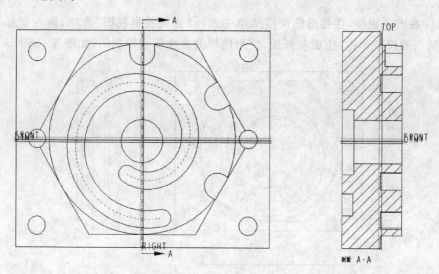

图 6－87　创建剖视图

⑦ 双击俯视图,弹出"绘图视图"对话框,在"类别"区域中单击"剖面",选择"2D 截面",单击"将横截面添加到视图"按钮 + ,弹出"菜单管理器",选择"偏距"→"完成"选项,输入截面名称 B,按 Enter 键,进入零件设计环境中。选择 TOP 平面,进入草绘截面中,绘制图 6－88 所示的草图,单击"完成"按钮返回工程图环境,在"绘图视图"对话框中单击"箭头显示"栏选择投影视图,如图 6－89 所示。

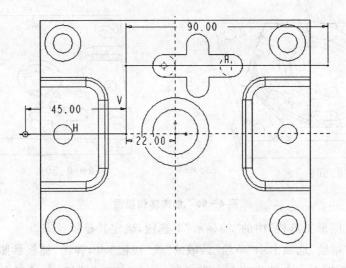

图 6-88 绘制草图

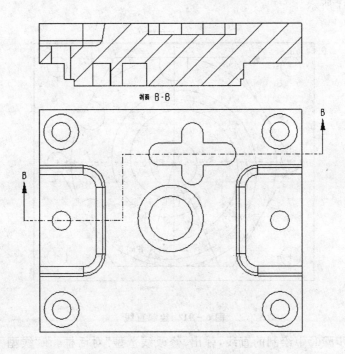

图 6-89 创建剖视图

⑧ 单击"布局"选项卡中"模型视图"区域的"常规"按钮，在绘图区域的空白位置单击一点，确定视图的中心点，弹出"绘图视图"对话框。在"模型视图名"列表中选择 ZHOUCE1，在"类别"区域中单击"比例"，选择"定制比例"，输入 0.5，单击"确定"按钮。使用同样的方法创建 ZHOUCE2，结果如图 6-90 所示。

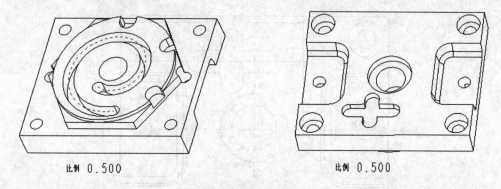

比例 0.500   比例 0.500

图 6-90 创建轴侧视图

⑨ 单击"图形工具栏"中的"轴显示"单选钮,确定其显示状态。

⑩ 单击"草绘"选项卡中"草绘"区域的"线"按钮 ＼线,弹出"捕捉参照"对话框,单击"选取参照"按钮 ▶,选择三个点为参照,单击"确定"按钮,再捕捉点绘制两条直线,如图 6-91 所示。

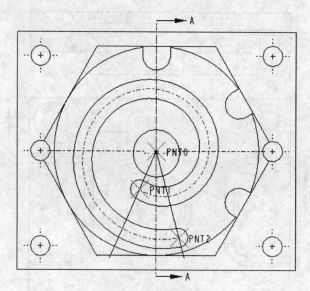

图 6-91 绘制直线

⑪ 双击步骤⑩中绘制的直线,弹出"修改线造型"对话框,在"线型"下拉列表中选择"控制线"选项,单击"应用"和"关闭"按钮,结果如图 6-92 所示。使用同样的方法修改其他绘制直线的线型。

⑫ 选择"文件"→"准备"→"绘图属性"菜单项,弹出"绘图属性"对话框,单击"详细信息选项"区域中的"更改"按钮,弹出"选项"对话框,设置 tol_display＝yes,设置公差显示。

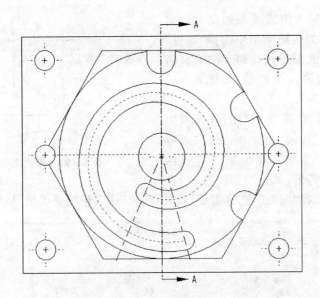

图 6 - 92　改变线型

⑬ 单击"注释"选项卡中"注释"区域的"尺寸"按钮 [尺寸],选择一个或者两个图元,单击鼠标中键,进行尺寸标注,如图 6 - 93 所示。

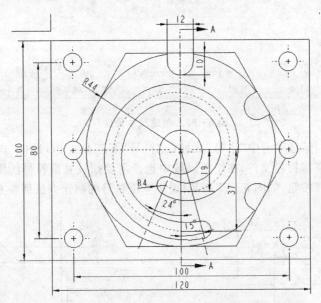

图 6 - 93　创建尺寸标注

⑭ 双击需要修改文字的尺寸标注,弹出"尺寸属性"对话框。单击"尺寸文本"单选卡,单击"前缀"文本框,输入"3 -",单击"文本符号"按钮,插入一个直径符号,如图 6 - 94 所示,使用同样的方法添加其他直径符号。

⑮ 使用鼠标右击需要添加尺寸公差的标注,在弹出的快捷菜单中选择"属性"选项,在公差模式下拉选择列表中选择需要的公差形式,输入公差值,如图 6-95 所示。

⑯ 单击"注释"选项卡"注释"区域中的"表面粗糙度"按钮 ^𝖇 表面粗糙度,弹出"菜单管理器",选择"检索",弹出"打开"对话框,选择粗糙度符号,单击"打开"按钮,在菜单管理器中选择"图元",选择需要标注的图元,输入粗糙度参数,如图 6-96 所示。

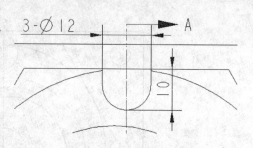

图 6-94　修改尺寸标注

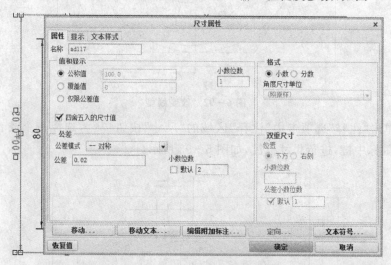

图 6-95　创建尺寸公差

⑰ 单击"注释"选项卡中"注释"区域的"符号"下三角按钮,选择"自定义符号"选项,选择光盘中基准符号文件,在绘图区域中选择需要摆放基准符号的图元,单击鼠标中键,单击"确定"按钮,如图 6-97 所示(关于基准符号的制作方法请参考 6.5.1 节)。

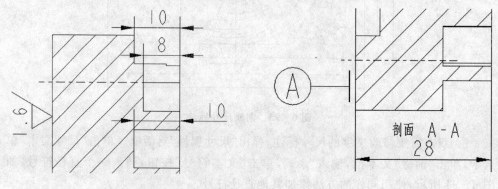

图 6-96　标注粗糙度　　　　　　　　　图 6-97　创建基准符号

270

⑲ 使用步骤⑱的方法添加形位公差，如图 6－98 所示（关于形位公差的制作方法请参考 6.5.2 节）。

10
8
10
1.6
//
0.05
A

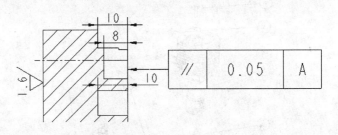

图 6－98 添加行为公差

⑳ 单击“注释”选项卡中“注释”区域的“注解”按钮，弹出“菜单管理器”，选择“带引线”→“制作注释”→“箭头”选项，选择图元，在适当的位置单击鼠标中键，输入注释的文字，按 Enter 键，结果如图 6－99 所示。

阿基米德螺旋线

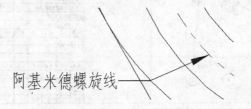

图 6－99 添加注释

㉑ 单击“注释”选项卡中“注释”区域的“注解”按钮，选择“无引线”→“制作注释”选项，在适当的位置单击，输入注释的文字，按 Enter 键，结果如图 6－100 所示。

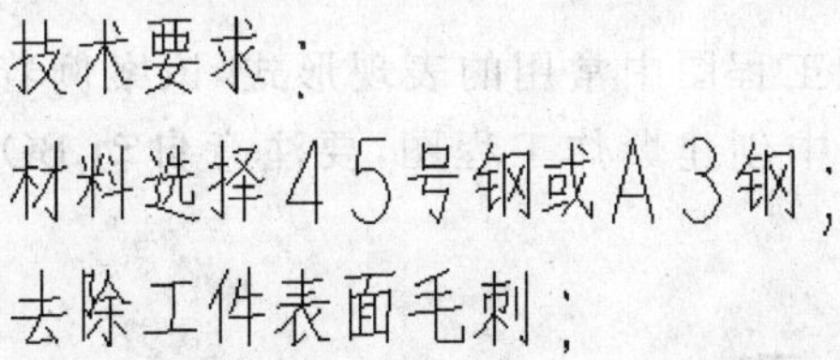

技术要求：
材料选择45号钢或A3钢；
去除工件表面毛刺；

图 6－100 创建技术要求

6.10 综合案例 4：装配爆炸图

综合案例 4 的装配爆炸图如图 6－101 所示。

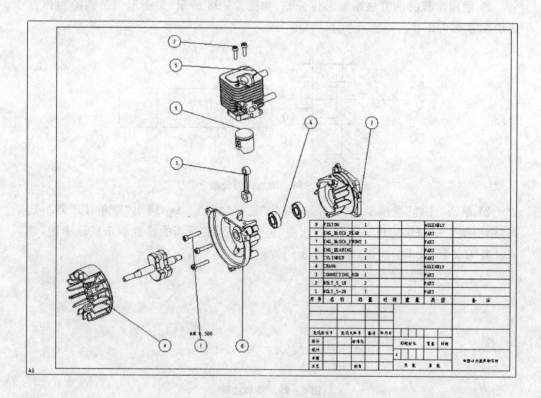

图 6 - 101　装配爆炸图

6.10.1　案例分析

　　爆炸工程图是装配工程图中常用的表现形式,该案例着重讲述了如何在 Creo Parametric 工程图模块中创建爆炸工程图,要注意自动 BOM 表以及球标的创建方法。

6.10.2　操作步骤

　　① 单击"主页"选项卡中的"新建"按钮 □ ,或者选择"文件"→"新建"菜单项,弹出"新建"对话框。在类型区域中选择"绘图",在"名称"文本框中输入文件名称,取消"使用默认模板"单选钮,在"名称"编辑框中输入文件名称,单击"确定"按钮,弹出"新制图"对话框。在"默认模型"区域中单击"浏览"按钮,选取模型 FADONGJI. ASM,在"指定模板"区域中选取"格式为空",单击"浏览"按钮,选择光盘中自带的模板 a3_zidingyi_asm. frm,单击"确定"按钮,如图 6 - 102 所示。

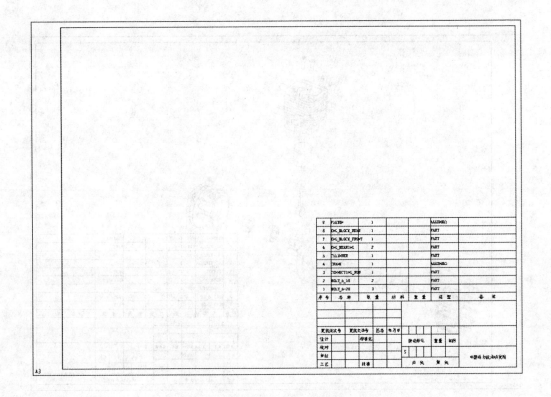

图 6 - 102　进入绘图环境

　　② 选择"文件"→"准备"→"绘图属性"菜单项,系统弹出"绘图属性"对话框,单击"详细信息选项"区域中的"更改"按钮,弹出"选项"对话框,单击对话框中的"打开"按钮，选择光盘中的 China. dtl 文件,单击"确定"关闭对话框。

　　③ 单击"布局"选项卡中"模型视图"区域的"常规"按钮，弹出"选择组合状态"对话框。单击"确定",在绘图区域单击一点,确定视图的中心点,弹出"绘图视图"对话框,在"模型视图名"列表中选择 VIEW0001。在"类别"区域中选择"比例",选择"定制比例",在文本框中输入 0.5;在"类别"区域中选择"视图状态",单击"视图中的分解元件"单选钮,在"装配分解状态"下拉选择列表中选择 EXP0001。单击"确定"按钮,结果如图 6 - 103 所示。

　　④ 单击"表"选项卡中"球标"区域的"创建球标"下拉按钮,选择"创建球标-按视图"(如图 6 - 104 所示),选择绘图区域中的爆炸视图,结果如图 6 - 105 所示。

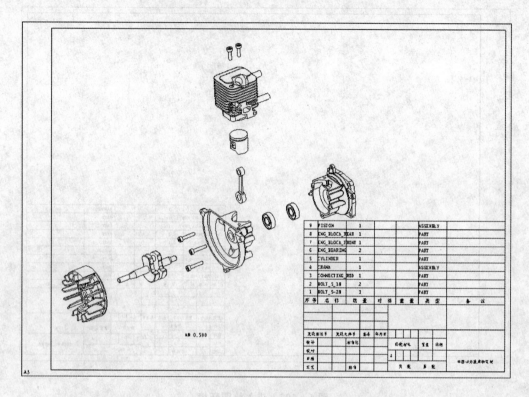

9	PISTON	1		ASSEMBLY	
8	ENG_BLOCK_REAR	1		PART	
7	ENG_BLOCK_FRONT	1		PART	
6	ENG_BEARING	2		PART	
5	CYLINDER	1		PART	
4	CRANK	1		ASSEMBLY	
3	CONNECTING_ROD	1		PART	
2	BOLT_5_18	2		PART	
1	BOLT_5-20	3		PART	
序号	名称	数量	材料	重量	类型	备注

图 6-103 爆炸视图

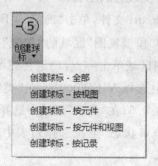

图 6-104 创建球标

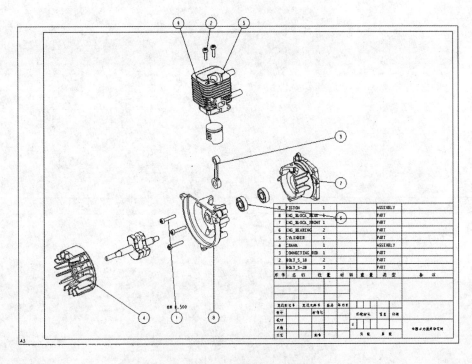

图 6 - 105　创建 BOM 球标

⑤ 使用鼠标将球标移动到合适的位置,如图 6 - 106 所示。

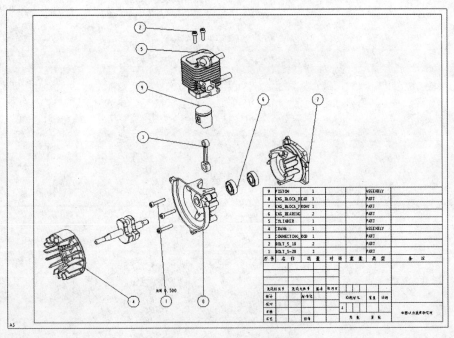

图 6 - 106　调整球标位置